フォト・ドキュメント

# 女性狙撃手

### ソ連最強のスナイパーたち

ユーリ・オブラズツォフ
*Youri Obraztsov*

モード・アンダーズ
*Maud Anders*

龍 和子 訳
*Kazuko Ryu*

原書房

フォト・ドキュメント
**女性狙撃手**
ソ連最強のスナイパーたち
◆
目次

| | |
|---|---|
| 第1章　大祖国戦争を戦った女性たち | 4 |
| 第2章　女性狙撃手たち | 12 |
| 女性狙撃手1　イェリザヴェタ（リーザ）・フェドロヴナ・ミロノヴァ――赤色海軍の狙撃手 | 14 |
| 女性狙撃手2　リュドミラ・パヴリチェンコ | 16 |
| 女性狙撃手3　ニーナ・ペトロヴァ――レニングラード包囲戦を戦った女性兵士 | 30 |
| 女性狙撃手4　アリヤ・モルダグロヴァ | 42 |
| 第3章　中央女子狙撃訓練学校 | 48 |
| 第4章　スナイパー・ライフル | 56 |
| 　　　　モシン・ナガン（3ライン） | |
| 　　　　SVT-40ライフル | 64 |
| 　　　　カラビナー98K――第2次世界大戦のドイツのスナイパー・ライフル | 69 |
| 女性狙撃手5　ローザ・シャニーナ | 72 |
| 　　　　ローザの私的な手紙や日記より | 78 |
| 女性狙撃手6　イェヴドキヤ・クラスノボロヴァ | 90 |
| 女性狙撃手7　クラヴディヤ・カルギナ | 92 |
| 女性狙撃手8　マリア・イヴシュキナ | 94 |
| 第5章　第3突撃軍の女性狙撃手たち | 96 |
| 女性狙撃手9　ニーナ・ロブコフスカヤ | 100 |
| 女性狙撃手たちの遺産 | 110 |
| 出典・資料提供・参考文献 | 112 |

# 第1章
# 大祖国戦争を戦った女性たち

「母なる祖国がよぶ」のポスター。このロシアを象徴する母親は、母の身(祖国)を守れとよびかけている。

　1917年のロシア革命後、ソヴィエト連邦政府は女性に社会的地位を認めたため、女性たちは選挙権や中絶する自由を得、またさまざまな運動や文化的活動にも参加できるようになった。フェミニズムが大きく前進したのだ。女性にもオソアヴィアヒム(ソヴィエト連邦国防および航空・化学産業支援協会)の門戸が開かれ、それまでは男性しか行えなかった、水泳や射撃、それにパラシュート降下や航空学さえも学べるようになった。第2次世界大戦に突入しようとする頃、ソ連では、ヨーロッパの近隣諸国の多くではまだ認められていなかった女性の社会進出が、すでにはじまっていたのである。

　1941年6月22日午前4時、ドイツ軍がソ連領土に侵攻。このときが、ソ連の人々にとっては第2次世界大戦のはじまりだった。ドイツ軍が、ソ連は強硬に抵抗することはないとふんでいたとおり、ソ連赤軍はあっというまにドイツ軍に圧倒されてしまう。1941年のこの日にバルバロッサ作戦を発動したヒトラーは、4か月でモスクワ占領を完了するもくろみを立てていた。一方のスターリンは、ドイツ軍が首都モスクワへと入るのをなんとしてもはばまなければならず、敵の進軍を遅

道路整備大隊の隊員はほぼ女性兵士が占めていた。

らせるための強固な防衛線を敷いた。

　開戦当初から、ソ連政府は国民の戦意高揚が不可欠である点をよく理解していた。そのために、ロシアのかつての英雄たちをひっぱり出して、献身や勇敢さ、愛国心の象徴として、その肖像を掲げたのである。なかでも多く使われたのが、イワン・スサーニン、イリヤ・ムーロメツ、アレクサンドル・ネフスキー、市民ミーニン（クジマ・ミーニン）、ポジャルスキー公といった、中世や近世の英雄たちだった。

　1941年10月にはじまったモスクワの戦いでソヴィエト軍ははじめて勝利したが、代償は大きく、死傷者は膨大な人数におよんだ。そして多くの血が流れた戦争は、つねに男性兵士を必要とした。町のコルホーズからは次々と屈強な男性が駆り出され、残ったのは女性と年配の市民だけとなってしまう。祖国防衛のために国民が総動員され、男性は前線に立ち、女性は畑や工場で働いた。だが世界史上まれにみることだが、女性たちは「銃後の守り」という役割だけでは満足しなかった。みずからもパイロットや看護師、戦車搭乗員となって、戦闘作戦において重要な役割を果た

中：ポスターには「子孫の英雄的行為に、祖先の栄光を見る」とある。ポスターに伝説の騎士を描くことで、勇敢であれ、愛国心を発揮せよと、ソ連国民を鼓舞している。

下：指揮官であるイェヴドキヤ・ベルシャンスカヤ大佐が、率いる連隊に命令をくだしている。

戦う兵士たちに伝説の英雄と一体感をもたせようとするプロパガンダ。ポスターの戦車搭乗員の影は槌鉾をもっており、伝説の英雄であるイリヤ・ムーロメツをイメージするものだ。ポスターには「わが祖国は勇敢な戦士で満ちている」と書かれている。

した。開戦当初からソ連の女性たちは通信や対空防御の任務を担い、さらには狙撃手として戦う女性も現れたのである。

　ナチはソ連領土で残虐な行為をくりかえしたために、ソ連全土にファシストへの大きな嫌悪感が沸き起こり、従軍しようと志願する女性も出てきた。この戦争がはじまった頃は、女性はまだ戦闘部隊への参加を認められておらず、このため女性が志願しても、連絡係や電信の担当や後方支援に割りふられるか、看護師として採用された。だが、看護師になると病院内で仕事をするだけではなく、前線の部隊に配属されることもあった。そして前線に出た看護師は、戦闘の場へ向かい、銃撃戦のなかで負傷兵を回収し、安全な場所へとつれだした。レニングラードとヴォルコフの前線では3万2000人超の女性看護師が活動し、また赤軍の医療担当者の半数ちかくを女性が占めたほどだった。戦時中に、軍に入隊するかパルチザンにくわわった女性は10万人を超えた。しかしこうした女性たちは、女性の能力にまだ懐疑の目を向ける男性たちに、勇敢さを証明しなければならなかった。

　なかには、女性だけの対空防御部隊も存在し

上：第46タマン親衛夜間爆撃航空連隊は女性だけで構成されていた。隊員が乗るポリカルボフPo-2爆撃機は重く、スピードの出ない複葉機だったため、夜間に任務を行い、エンジンを切って目標にしのびよった。ドイツ軍はこの連隊を「夜の魔女」とよんだ。

下：入隊して交通整理を行う若い女性もいた。写真は、歩兵を乗せてベルリンに向かうトラックの列を誘導するターニャ・アレクサンドロヴァ。1945年春。

1941年秋、モスクワ西部。防衛線が敷かれたとき、力仕事のできる人はすべて手をかした。男性は前線に出ていたため、女性が力仕事を担うことも多かった。

た。この女性たちは前線後方に配置され、都市や鉄道駅、工場や橋といった戦略的に重要な場所を守った。また何百人もの若い女性が交通整理を行い、道路整備大隊もほぼこうした女性たちで構成されていた。しかしときには、頑固さを発揮し、能力を認められて、どうにか戦闘部隊に居場所を獲得する女性も現れた。そして戦車部隊でも海軍歩兵でも航空隊でも、女性はみずからの力を証明したのである。

戦前、飛行クラブではすでに、空を飛びたいという若い女性の参加が認められていた。そして戦闘機パイロットや爆撃機部隊の一員になることができたのは、こうした操縦経験をもつ女性たちだった。リディア・ウラディーミロヴナ・リトヴァクもそうした女性のひとりで、戦闘機パイロットとなり、第2次世界大戦中に数々の功績をあげた。飛行機の操縦に熱中していたリディアは、飛行クラブで14歳のときから飛行機に乗り、15歳のときには単独飛行もはじめた。1942年の春には女性だけの防空軍第586戦闘機連隊にくわわり、敵の空襲からヴォルガ川を守るというはじめ

イェヴドキヤ・ザヴァリイ中尉。海軍歩兵の小隊で唯一の女性指揮官だった。

ベロフ将軍麾下の騎兵軍団配属の機関銃手、ジーナ・コズロヴァ。シールドをとりはずしたマキシム機関銃を手にポーズをとる。戦時中、コズロヴァは敵の作戦基地と監視所を数回破壊した。

中：「愛するモスクワを守れ」

下：1944年8月。アメリカ製バイクに乗る管理部のカラチェヴァ中尉。

ての飛行任務についた。リディアは1942年9月、スターリングラードでドイツ軍のユンカースJu88とメッサーシュミットMe109を撃墜し、ここから撃墜記録を伸ばしていった。撃墜に成功するたびに自機の機体に白百合を描いたため、リディアは「スターリングラードの白百合」とよばれるようになる。また、爆撃機連隊にも女性のみで構成される隊はあった。イェヴドキヤ・ダヴィドヴナ・ベルシャンスカヤ大佐が率いる第46タマン親衛夜間爆撃航空連隊（GvNBAP）だ。この連隊の隊員が搭乗するポリカルポフPo-2爆撃機は機体が重い複葉機でスピードが出ず、地対空の攻撃を受けやすかったため、日中は作戦を行うことができなかった。そこで隊員たちは夜間にエンジンを切って滑空し、音もなく目標に接近したため、ドイツ兵はこの隊を「夜の魔女」とよんだ。戦時中、この連隊は2万4000回の戦闘任務をこなし、3000トンあまりもの爆弾を敵に投下した。

フランスのレジスタンスと同様、大祖国戦争中のソ連でもかなり多数のパルチザンが存在した。こうした市民は政府の支援を受けて武器や弾薬を

戦闘機パイロットのリディア・ウラディーミロヴナ・リトヴァクは、第2次世界大戦中に多数の敵機を撃墜した。1機撃墜するごとにリトヴァクは自機の機体に白百合を描いたため、「スターリングラードの白百合」というニックネームがついた。

提供され、また部隊を組織するために軍の兵士の協力も得ていた。そして綿密に組織されたパルチザンは、非常に戦略的な役割を担い、ここでも大勢の女性が活動した。またそれ以外にも、芸術的才能で国に貢献する女性たちもいた。アーティストも歌手もダンサーも、多くの場合前線近くに出向いてコンサートを行い、兵士たちを力づけたのだ。なかでも有名なアーティストがリディア・アンドレエヴナ・ルスラノヴァだ。リディア・ルスラノヴァは戦争がはじまるとすぐに、ほかのアーティストたちと「コンサート旅団」を結成して前線に向かった。4年にわたり、ルスラノヴァはあらゆる前線で延べ1120回ものコンサートを行った。1945年5月2日には、歌と踊りを披露するコサックの一団とともに、ベルリンのドイツ国会議事堂（ライヒスターク）の前で歌っている。

上：クリミアの解放にくわわったパルチザン。1944年、クリミア半島南端にあるシメイズの村付近。パヴェル・トロシュキン撮影。

下：ベルリンのドイツ国会議事堂（ライヒスターク）前で歌うリディア・ルスラノヴァ。ルスラノヴァは戦時中の4年間、あらゆる前線に出向き1120回ものコンサートを行った。

# 第2章
# 女性狙撃手たち

上：戦時中に女性がたずさわった仕事のなかでも、困難をきわめ、また女性には不向きだと思われたのが、狙撃手の任務だった。上の写真は、第21親衛自動車化狙撃師団のイェヴドキヤ・モティナ。

　第2次世界大戦開戦以前から、狙撃手という任務はすでにソ連軍ではよく知られていたし、歩兵部隊には狙撃手がいた。とはいえ一般には、部隊内でいちばん腕の立つ射手にスコープ付きのモシン・ナガン・ライフルを支給し、これを狙撃手とよんでいるのが実情だった。6月22日、ドイツ軍は出だしから、ブレスト・リトフスク要塞という障害にぶつかった。戦闘がはじまってからの数時間、要塞を守備するソ連軍の狙撃手は、機会を逃さずドイツ兵たちを倒していった。ドイツ軍の報告には、ソ連領土に侵攻をはじめた6月22日から30日にかけて、ドイツ軍の将校や下士官（NCO）を狙った狙撃手の活発な活動があったことが記されている。その報告書には、死傷者の6.2パーセント超が指揮官であり、フランス侵攻作戦時の4.85パーセントという数字にくらべると非常に高いと書かれている。

　ソ連軍指導部は狙撃手活用の利点をすぐに見抜き、能力の高い射手の選別を強くおしすすめた。そしてこうした射手に、ドイツ軍の将校や機関銃手、狙撃手や通信兵など、高い価値のあるターゲットを狙撃する任務があたえられた。さらに、簡単な狙撃訓練の講習しか行なわれていなかったものがプログラム化され、それが発展し、狙撃テクニックを網羅した完璧な教育課程をそなえた狙撃学校が生まれた。

　そしてその頃になると、前線に出ることを志願する女性が非常に多く、またより多くの兵士が必要とされていたこともあって、女性も戦闘部隊に配属されるようになっていた。戦時中に女性がた

ずさわった仕事のなかで、困難をきわめ、また女性には不向きと思われていたのが、狙撃手としての任務だった。とはいえ開戦当初はほとんどいなかった女性狙撃手も、中央女子狙撃訓練学校の創設とともにその数は急増した。女性狙撃手には敵の銃撃にさらされたり、捕らわれて拷問を受けたりする危険が待ちうけ、さらに悪天候やぬかるんだ泥、冬の凍るような寒さや夏の猛暑とも戦うことになった。そうした環境で何時間も何日もじっと身をひそめて敵を待つのだ。だが女性狙撃手の力を軽んじる男性兵士からは見くだされながらも、女性たちは大祖国戦争においてその価値を証明していった。当時の女性狙撃手たちがそなえていた根気と忍耐力は、今日では性別をとわず、狙撃手に不可欠な資質だとみなされている。

女性狙撃手のうち6名は、ソ連邦英雄の称号とレーニン勲章を授与されることになり、そのひとりであるニーナ・ペトロヴァは、栄誉勲章を1級から3級まですべて授与されるという栄誉に浴した。リュドミラ・パヴリチェンコのように伝説の狙撃手となったものもいる。パヴリチェンコは309名のドイツ兵と将校を狙撃しており、これはほぼ大隊1個分にあたる人数だ。そしてそのうち36名が狙撃手だった。またローザ・シャニーナは、戦時中につけていた日記が発表されて国民に感動をあたえた。軍部で禁止されていた日記を、シャニーナはひそかにつけつづけていたのだ。本書で紹介するのは、祖国を守るために狙撃を教え、学び、戦場へと向かってすぐれた狙撃手となった女性たちの驚くべき物語である。

上：狙撃手のマリア・クヴシノヴァ。栄誉勲章を胸にポーズをとる写真。敵兵士を何十人も狙撃した功績によって授与された。

1943年夏、マーラヤ・ゼムリャで報道カメラマンが撮影したリーザ・ミロノヴァ。
黒海艦隊第255海軍歩兵旅団配属中の、死の直前の写真。

女性狙撃手 1

# イェリザヴェタ（リーザ）・フェドロヴナ・ミロノヴァ
―― 赤色海軍の狙撃手

　1941年、高校の修了書を受けとるとすぐに、モスクワっ子のリーザ・ミロノヴァは志願して、海軍歩兵の一員として前線へと向かった。ミロノヴァは、黒海艦隊第255海軍歩兵旅団に配属されて戦った数少ない女性のひとりだ。部隊とともに、ミロノヴァはオデッサ防衛戦とセヴァストポリの戦いに参加した。またノヴォロシースクの戦闘作戦でも戦っている。ミロノヴァは約100名の敵兵と将校を射殺した。

　ミロノヴァは、ノヴォロシースクの南にあるミスハコ上陸作戦にもくわわっている。1943年2月4日の夜、橋頭堡を確保してノヴォロシースクに向かう道を切り開こうと、271名からなるソヴィエト海軍歩兵の分遣隊が襲撃を行った。ドイツ軍は砲撃や空襲で迅速に反撃し、海岸線数キロを奪回しようとした。ドイツ軍はソ連軍を海へ押しもどそうとあらゆる反撃を行ったが、ソ連軍は激しい攻撃に耐え、そこを明けわたすことはなかった。ソ連軍には5日間にわたって補強部隊が到着し、最初はわずか271名だった分遣隊は1万7000名にまでふくれあがり、重砲や戦車も到着した。この激戦は225日間続き、ノヴォロシースクの解放によって9月16日に終結した。

　イェリザヴェタ・ミロノヴァは、1943年9月10日にマーラヤ・ゼムリャ防衛戦で負傷してしまう。肝臓を撃たれるという深刻な内臓損傷を負ったのだ。9月29日に亡くなったミロノヴァは、黒海沿岸に位置するゲレンジークに埋葬された。

　マーラヤ・ゼムリャは「スモール・ランド（小さな土地）」とよばれ、この地の戦闘はロシアではよく知られている。のちにソ連共産党書記長になるレオニード・ブレジネフは、この戦闘に政治将校として参加していた。ブレジネフ書記長は1978年に『スモール・ランド（The Small Land）』という回想録を出版している。

下：リーザ・ミロノヴァはオデッサ防衛戦とセヴァストポリの戦い、それにノヴォロシースクの戦闘作戦にもくわわった。およそ100名の敵兵と将校をしとめた。

上：オソアヴィアヒムで精密射撃を学んだ経験があったおかげで、パヴリチェンコは狙撃手として入隊することができた。

「わたしは25歳ですが、前線に出て、すでに309人のナチの侵略兵たちをしとめています。男性のみなさん、そろそろわたしのうしろから出てきてもいい頃ではありませんか？」

1941年夏、大学で4年間史学を学んでいたリュドミラ・パヴリチェンコは25歳になった。パヴリチェンコはオデッサに向かって実習に取り組み、論文を書き上げようとした。テーマは、17世紀の軍事指導者でウクライナの政治家でもあるボフダン・フメリニツキーだ。そしてオデッサの図書館でしぶしぶ論文を書いていたパヴリチェンコは、大戦がはじまると志願兵となることを決めた。

リュドミラ・ミハイリヴナ・パヴリチェ

女性狙撃手2
# リュドミラ・パヴリチェンコ

ンコは、1916年7月12日、キエフ州のベラヤツェルコフで生まれた。14歳のときに一家はキエフへと引っ越し、パヴリチェンコはごくふつうの学校教育を受けて、最高学年ではまじめに勉強して卒業試験を受け、その後キエフ兵器廠で働いた。21歳になった1937年には、キエフ大学で史学の勉強をはじめる。パヴリチェンコは非常に活動的な女性で、グライダーやスポーツ射撃に興味をもち、キエフ・オソアヴィアヒムでこうした活動の訓練を受けている。オソアヴィアヒムが目標におくのは、民間人がパラシュート降下や水泳などさまざまな活動の訓練を行って、入隊にそなえることだった。ここでパヴリチェンコは精密射撃の技術を身につけた。まず、大多数の人が簡単にとれる1級の技能を習得し、そ

れから2級へと進んだ。パヴリチェンコが狙撃手として入隊することができたのも、オソアヴィアヒムで精密射撃の経験があったおかげだった。前線は前進し、オデッサの間近に迫っていた。入隊したパヴリチェンコがはじめて銃撃を受ける経験をしたのは、黒海に面するこの古い港湾都市でのことだ。オデッサの戦いでは、パヴリチェンコは187人の敵兵をしとめている。

左：1943年10月25日、少佐の階級にあるパヴリチェンコ。英雄的で勇敢な行為によって「ソ連邦英雄」の称号を授与された。パヴリチェンコは、存命中にこの称号を受けた唯一の女性狙撃手だ。

右：1941年の開戦時、25歳のリュドミラ・パヴリチェンコは史学の論文を執筆中だった。写真はセヴァストポリの防衛中に撮影したもので、階級は2等軍曹。

　1941年10月16日にドイツ軍がオデッサを占領すると、ソ連軍の部隊はクリミアへと撤退し、リュドミラ・パヴリチェンコはそこで250日にわたり、セヴァストポリ防衛のため戦うことになった。セヴァストポリでは、狙撃手の活動が急速に活発化した。1942年3月16日には最高司令部が狙撃手の大規模な会合を設け、一部提督や将軍、師団や旅団の政治将校も参加した。陸軍参謀総長ヴォロビヨフ将軍が演説を行い、数人の狙撃手がみずからの経験を語った。パヴリチェンコもこの会合に出席しており、この時点でセヴァストポリでは72人の敵兵を射殺し、戦果は総数259にのぼっていた。1942年4月には、セヴァストポリを守る狙撃手たちがドイツ軍の兵士を1492人狙撃し、5月に入って最初の10日間でさらに1019人のドイツ兵を排除した。

　リュドミラ・パヴリチェンコは、セヴァストポリの戦闘を回想し、次のように語っている。

　「近くのどこかで炸裂した砲弾の破片があたることはよくあったのですが、不思議と重傷を負うことはありませんでした。それにドイツ兵が狙撃手めがけて一斉に撃ってくることもあるのです。狙撃手を見つけるそばから撃ってきて、3時間もそればかりのこともあります。そんなときはじっと伏せて、口を閉じて動かずにいるしかありません。ドイツ軍の狙撃手には、お手本にすることもたくさんありました。彼らに見つかってしまうこともありましたが、そうすると照準器で狙って撃ってくるので、蛸壺から1歩も動けません。銃弾が頭のすぐ上を飛び、あちこちにあたります。あたりを見まわすこともできないんです。そうするうちに、味方の機関銃手が援護して敵に銃弾を浴びせてくれると、どうにかそこを抜け出せるのです。

　ドイツの狙撃手はダミーの使い方がうまくて、これには参りました。受けもつ地域を調べているときにたまたまドイツ兵を見つけて、『もらった！』と思って撃つのですが、それは木の棒にひっかけたヘルメットなんです。だれが見ても本物の兵士にしか見えないダミーを作ることもあるんですよ。それを狙って何発か撃つと自分の居場所を教えることになって、一斉射撃を受けるはめになるわけです。ふつう、わたしたちは狙撃陣地を2、3か所用意するのですが、同じ場所に戻るのはせいぜい2、3度までした。狙撃手にはいつも、双眼鏡を持った観測手がそばについていて、地形を教え、あたりを監視し、狙撃数を数えてくれます。同じ場所に何時間もず

っといつづけるのはとてもむずかしくて、身動きはできません。ピンチにおちいることもあるのですが、そういうときは、じっと我慢です。待ち伏せのときは、糧食の包みと水と、レモネードとチョコレートを持っていくこともありました。チョコレートは狙撃手用の支給品にはありませんけどね。わたしが使った最初のライフルはオデッサの近くで壊れてしまいましたし、2丁目のライフルではセヴァストポリを守りました。実際にはいつもライフルは2丁持っていました。見せるためのライフルと実際の狙撃用ライフルを別にしていたんです。それにとても性能のよい双眼鏡も持っていました。敵前線の背後につくときは、通常は午前4時頃から動きました。ときには1日中ずっと狙撃陣地にいて、狙撃のチャンスがな

左ページ：パヴリチェンコがはじめて銃撃を受けたのは、黒海に面した古い港湾都市オデッサでのことだった。

上、左と右：オデッサでの戦闘で、リュドミラ・パヴリチェンコは187人の敵兵をしとめた。

右：1942年3月16日、最高司令部は大規模な狙撃手の会合を設け、狙撃手数名がみずからの体験を語った。リュドミラ・パヴリチェンコもこの会合に出席したが、セヴァストポリでは72人の敵兵を狙撃し、その時点で戦果は259にのぼっていた。

いこともあります。それが3日も続いてひとりも照準器にとらえられないとなると、兵舎に戻ってくるときには頭に血がのぼっていて、だれも話しかけようとしないくらいイライラしているものです。幸いわたしは体調管理もうまくやれたし、何時間も待ち伏せしても苦にはなりませんでした。それでもときには、とくに狙撃手になりたての頃には、じっと座っていられずに持ち場を離れて、『頭が出てるんだから、脚だってついていかなきゃ』なんて屁理屈言ったりするものなんですよね。わたしは砲手やほかの射撃手に助けられることも多くて、運に恵まれたんです」

　パヴリチェンコの叙勲推薦書にはこう記されていた。

上：「受けもつ地域を調べているときにたまたまドイツ兵を見つけて、『もらった！』と思って撃つのですが、それは木の棒にひっかけたヘルメットなんです」

左：わたしが使った最初のライフルはオデッサの近くで壊れてしまいましたし、2丁目のライフルではセヴァストポリを守りました。ふだん、ライフルは2丁持っていました。見せるためのライフルと実際の狙撃用ライフルを別にしていたんです。

「1942年7月、第25狙撃師団第54歩兵連隊第2中隊、パヴリチェンコ中尉は309人のドイツ兵および将校を射殺し、うち36人は狙撃手であった」

1942年秋、パヴリチェンコは、ソ連からカナダとアメリカに向かう青年派遣団の一員に選ばれた。これはアメリカの青年組織が、ヨーロッパ西部に第2戦線をおくことをアメリカ国内に向けて訴えるために招待したものだった。最初は、前線にとどまるためにアメリカ行きを断わったパヴリチェンコだったが、指揮官はそれを認めなかった。そしてこの派遣団の訪問のあと、ソ連、アメリカ、イギリスが会し、ヨーロッパに第2戦線をおくことになったのだ。アメリカは、1941年12月7日の真珠湾攻撃後に日本に、その後ドイツに宣戦布告した。アメリカ政府は国民の戦意を高揚させようとしており、ソ連からの派遣団は、アメリカ国民が実際にナチズムと戦った人々にふれるまたとないチャンスだった。敵の占領地域を避けてアフリカを迂回する長旅のあと、派遣団はアメリカに到着し温かい歓迎を受けた。大規模な集会が催され、またとくに狙撃手の功績についてはニュースに大きくとりあげられて、強く一般市民の興味を引いた。

パヴリチェンコはさまざまな場でみずからの体験を語った。さらにパヴリチェンコは、アメリカ大統領と面会したはじめてのソ連市民ともなった。フランクリン・ルー

上：若い兵士たちと会うパヴリチェンコ。階級章は少尉で、すっかりベテランの風格だ。

下：「待ち伏せするときには、糧食の包みと水、それにレモネードとチョコレートを持っていくこともありましたね」

# オソアヴィアヒム

### ソヴィエト連邦国防および航空・化学産業支援協会

オソアヴィアヒムが正式に創設されたのは1927年1月23日のことだ。多くは大規模工場内に設置され、若者に人気がある活動を通じて愛国心を育てることを目標においていた。おもに行われていたのは、パラシュート降下や飛行機やグライダーの操縦、飛行機の模型作成などだ。こうした活動は無料で、政府は参加を推奨した。オソアヴィアヒムの多くは大都市近郊にあり、性別をとわず利用できた。ロシア内戦後には、女性の社会的地位も向上していたのである。1933年には、ペストリーやヴィエノワズリーなど菓子パンを製造するクラスナヤ（赤い）工場において、20名の看護師空挺員による、初の女性だけの分遣隊も誕生している。オソアヴィアヒムでは女性たちが熱心に活動に取り組んだ。1934年8月には、モスクワ市民のニーナ・カムネヴァが、スカイダイビングの記録を打ち立てた。高度3000メートルを飛ぶ飛行機からダイブし、地上から200メートルという低空で開傘したのだ。ソ連全土で多数の若者がオソアヴィアヒムに参加し、開戦時の1941年6月には、モスクワのオソアヴィアヒムだけで86万人もの会員を擁しており、そのうち8万人は定期的に訓練を行っていた。

1932年以降は、さまざまな活動に精密射撃がくわわった。射撃の訓練を受ける会員は「ヴォロシーロフスキー・ストレローク」、つまり「ヴォロシーロフ連隊の射手」とよばれた。これは、ソ連邦英雄の称号を授与されたヴォロシーロフ元帥にちなんだ名だ。射手には初級、1級、2級の3つの級がある。どの級でも記章をもらえたが、2級に昇級すると軍隊使用のアサルト・ライフルを使えるようになった。

オソアヴィアヒムでの訓練はまもなく、国防におもむくソヴィエトの若者が、入隊前のそなえとしてかならず行うべきものとなる。そしてオソアヴィアヒムの規模はふくれあがり、600万から900万人程度の会員を擁するまでになった。

大戦がはじまると、会員が訓練する場だったオソアヴィアヒムは、対空防衛に向けた訓練を行う組織へと変わった。同様に、射撃クラブは狙撃手や砲手、対戦車砲手の養成施設となった。開戦の年だけでも、こうした施設で訓練を受けた若者は2万5000人あまりもいた。オソアヴィアヒムは、当初は軍事目的で設置されたわけではなかったのだが、民間の入隊前訓練において非常に重要な役割を果たすことになったのである。

こうした組織は今日も存続しており、現在ではDOSAAF（陸海空軍後援会）という名称になっている。

上：戦前のオソアヴィアヒムのポスター。

記事上：オソアヴィアヒムとRKKA（赤軍）のさまざまな記章。

左から
記章1と記章2。1935年に創られたオソアヴィアヒムの記章。試験に合格した若者は、誇らしげに記章をつけた。
記章3。オソアヴィアヒムの射手の記章。「ヴォロシーロフスキー射手」記章もそうだが、入隊前にこの記章を授与された若者は、軍の制服にこれをつけることができた。

1　　　　　　　2　　　　　　　3

ズベルトとその夫人であるエレノア・ルーズベルトと会うと、大統領夫妻はパヴリチェンコに全国をまわるよう勧めた。その後パヴリチェンコはワシントンで記者会見を行い、国際学生会議でもスピーチをした。さらにニューヨークで集会に参加し、産業別組合会議にも出席した。ニューヨークでは、アフリカ系アメリカ人の著名な歌手および俳優であるポール・ロブスンと面会している。ロブスンは政治に深くかかわり、ロシア文化に傾倒する人物だった。シカゴで行ったスピーチでは、聴衆に向かって「男性のみなさん、わたしは今25歳ですが、前線に出て、すでに309人のナチの侵略兵たちをしとめています。そろそろわたしのうしろから出てきてもい

上：ターゲットを待つ時間は長く、数日にもおよぶ場合がある。

右：1942年秋、リュドミラはカナダとアメリカを訪問するソ連の青年派遣団の一員に選ばれた。

い頃ではありませんか？」とよびかけて喝采を浴びた。パヴリチェンコはアメリカではコルト・オートマティック・ピストルを、カナダではスコープ付きのウィンチェスター・ライフルを贈呈され、このライフルは現在、モスクワ中央軍事博物館に展示されている。カナダでは、狙撃手仲間であるウラジミール・プチェリンツェフが同行した。パヴリチェンコを見ようとトロントのユニオン駅に集まった市民は、何千人にものぼった。パヴリチェンコは1942年11月に訪問したイギリスでも温かな歓

左ページ：「幸いわたしは、体調管理もうまくやれたし、何時間も待ち伏せしても苦にはなりませんでした」

上：アメリカ大統領夫人エレノア・ルーズベルトと最高裁判事のロバート・ジャクソンと立つリュドミラ・パヴリチェンコ。パヴリチェンコは、ソ連市民としてはじめてアメリカ大統領と面会した。フランクリン・ルーズベルト大統領と大統領夫人エレノア・ルーズベルトと会うと、夫妻はパヴリチェンコに全国をまわるよう勧めた。

中：カナダではスコープ付きのウィンチェスター・ライフルを贈られた。このライフルは現在、モスクワ中央軍事博物館に展示されている。

右：1942年11月、イギリス、マンチェスターにある紡績工場の女性労働者たちとともに。

待を受け、これで旅を終えた。ソ連の派遣団のおかげで、ヨーロッパ西部に戦線を設けようとする動きに勢いがつき、結果としてこの派遣は、侵攻された人々を支援することになるのである。

　帰国すると、パヴリチェンコは高等将校学校「ヴィストレル」の教官に任命された。その後、前線に戻ることはなく、狙撃手の育成に専念した。少佐の階級にあった1943年10月25日、パヴリチェンコは英雄的で勇敢な行為によって「ソ連邦英雄」の称号を授与された。存命中にこの称号を受けた女性狙撃手はパヴリチェンコだけであり、その他の女性は死後に授与されている。1945

左上：シカゴでパヴリチェンコが行ったスピーチは大成功をおさめた。スピーチのなかでパヴリチェンコは聴衆にこうよびかけた。「男性のみなさん、わたしは25歳ですが、前線に出て、すでに309人のナチの侵略兵たちをしとめています。そろそろわたしのうしろから出てきてもいい頃ではありませんか？」

右上：駐ソ連アメリカ大使ジョーゼフ・デイヴィスの夫人とともに。

左：駐英ソ連大使夫人、アニヤ・マイスキーと。1917年のロシア革命から25年を記念する式典で。

上：パヴリチェンコ、プチェリンツェフ、クラサフチェンコ。ワシントンのソ連大使館前にて。

左：駐ソ連アメリカ大使ジョーゼフ・デイヴィスと会うリュドミラ・パヴリチェンコ。

## 狙撃数の確定

狙撃手による戦果を数え確定する方法は、厳密に規則化され、兵士はこれに従わなければならなかった。狙撃は狙撃手以外の兵士が確認し、できれば将校が行うのが望ましかった。作戦中、または敵前線の背後で単独行動を行う狙撃手の場合、自分の証言だけでは射殺数の確定には十分ではなく、第三者によるなんらかの証言や、敵から回収したもの（身分証明書や認識票、武器など）が必要だった。そして勇敢な行為をとった兵士や部隊は、しばしばプロパガンダに利用された。

どの部隊にも、兵士の士気や戦闘力や愛国心に目を光らせ、敵の殺害数を確認するために政治将校が配属されている。こうした将校は、指揮官と同じか、あるいは強い権限をもつことも多かった。戦闘機パイロットの撃墜数確定も、狙撃による戦果の確定とほぼ同じ方法がとられていた。敵機を撃墜するごとに、ほかのパイロットがそれを目視し証人になることと、地上の観測手が敵機の破壊を確認することが必要だったのである。

ソ連の派遣団。アメリカにて。左から右へ、全ソ連邦レーニン共産主義青年同盟（VLKSM）書記長のN・クラサフチェンコ、狙撃手でソ連邦英雄のウラジミール・プチェリンツェフ、リュドミラ・パヴリチェンコ（1942年、9月。ジャック・デラーノ撮影。アメリカ議会図書館蔵）。

年から1953年にかけて、パヴリチェンコはソ連海軍司令部の研究助手の任務についた。そしてソ連全土と海外をまわっていくつもの委員会や国際会議（コペンハーゲンの女性国際会議は特筆される）に出席し、独立してまもないアフリカの共和国にもいくつかおもむいている。1953年以降は、退役軍人のための委員会で非常に精力的に活動し、さらに『英雄の歴史（Heroic History）』を著した。パヴリチェンコは1974年10月27日に亡くなり、モスクワのノボデーヴィチ墓地に埋葬された。ここには、作家のニコライ・ゴーゴリ、航空機設計士アンドレイ・ツポレフ、作曲家のセルゲイ・プロコフィエフ、宇宙飛行士ゲオルギ・ベレゴヴォイ、ロシア連邦初代大統領ボリス・エリツィンなど、多数の重要人物が眠っている。

上：リュドミラ・パヴリチェンコ。隣はシドール・コフパク少将。第1次世界大戦の退役軍人で、パルチザン運動の伝説的指導者。また、ロシア内戦で狙撃師団の一員だった。ソヴィエト連邦英雄を2度授与された人物だ。

下：1945年から1953年にかけて、リュドミラ・パヴリチェンコはソ連海軍司令部の研究助手の任務についた。

「ドイツ軍の狙撃手が撃った銃弾がわたしの帽子を貫通して、髪がこげたことがありました」

　ニーナ・ペトロヴァは万能のスポーツ選手だった。乗馬も自転車も、ボート、水泳、それにバスケットボールやフィールド・ホッケー、スキー、スピード・スケード、スポーツ射撃までこなした。1932年には、39歳で体育教師の免許を取得している。さまざまな活動を行ううちに、ペトロヴァはスポーツ射撃に専念するようになっていく。1931年夏に運送会社の組合が主催した競技会ではチーム競技で優勝し、賞品として競技用の射撃ライフルを贈られた。1934年、ペトロヴァはレニングラードの狙撃学校に入った。ここでさらに腕を磨き、女

上：「レニングラードを防衛せよ」

下：ニーナ・ペトロヴァの写真

女性狙撃手3
# ニーナ・ペトロヴァ
## ──レニングラード包囲戦を戦った女性兵士

ニーナ・ペトロヴァは48歳で赤軍の教官になった。

性射手としてすばらしい成績をおさめたペトロヴァは、30枚の賞状と40個のメダルを授与されている。狙撃学校を修了したペトロヴァは狙撃教官になり、1936年の1年間で、この狙撃学校は102名の「ヴォロシーロフの射手」を送り出した。ニーナ・ペトロヴァは若い女性新兵に、優秀な運動選手とは、訓練を受けていない人よりも2秒早く危険に反応するものだ、と教えた。その2秒でできることは多い。塹壕に潜りこむことも、引き金を引くことも、銃剣でつき刺すことも可能なのだ。

1934年と1935年には、ペトロヴァはレニングラード軍管区の女性ホッケー・チームの主将をつとめた。また1934年の冬には、軍のスキー競技会で優勝した。いくつもの射撃競技会にも出場し、賞を獲得したのも一度

万能の運動選手だったニーナ・ペトロヴァ（中央）は、自転車、ボート、水泳、バスケットボール、ホッケーもこなし、スポーツ射撃まで行った。1932年、ペトロヴァは体育教師の免許を取得した。

上：「戦うのに疲れてしまいました。もう4年も前線に立っていますから。この戦争がじきに終わって、家に帰れますように。愛するクセニア、あなたをこの腕に抱いて、キスすることを心から願っています」

下：兵士にとって最高の名誉とは、連隊旗の前で写真を撮ってもらうことだった。スナイパー・ライフルを手に、誇らしげにポーズをとるニーナ・ペトロヴァ。

ではなく、またレニングラードで最初にGTO記章2級を授与されたうちのひとりでもあった。

　大戦がはじまった1941年6月22日、ドイツ軍がソ連を攻撃したその日に、ニーナ・ペトロヴァは多数の入隊志願者に交じって徴兵司令所へとおもむいた。しかし、司令所の役人に、ライフルの扱いは完璧にできるので前線に出たいと訴えたものの、すでに48歳になっていたペトロヴァは軍務に不適格とみなされ、入隊は認められなかった。それでもなお、ペトロヴァは兵士としてレニングラード義勇軍第4師団にくわわり、医療大隊で働いた。ドイツ軍はレニングラード侵攻作戦を開始し、8月27日にはソ連軍が、フィンランド湾に面するタリンから撤退をはじめた。ドイツ軍にとっては、レニングラードへの道が通じたことになった。一方前線のソ連軍兵士たちは、レイングラードの北ではフィンランドの部隊とも対峙していた。1941年7月31日、ソ連軍が敷いた防衛線はドイツの襲撃をいったんは止めた。しかし8月19日、ドイツ軍の戦車はレニングラードから45キロにまで迫り、第1ソヴィエト装甲戦車師団はドイツの攻撃をくいとめるべく、懸命に戦った。そして8月30日には、通信手段も、道路も鉄道もすべてが絶たれ、ソ連に残された拠点はレニングラードの北東に広がるラドガ湖沿いのみという状況におちいったのである。

　9月8日、ドイツ軍はラドガ湖の南端に到達し、レニングラードはその他のソ連領土と完全に切り離された。レニングラードの包囲がはじまったのだ。連絡手段は、ラドガ湖の水上を利用する以外になかった。ソ連軍はふたつの防衛線を敷いたが、兵士の数は不足していた。ソ連軍司令部は前線に非正規部隊を投入しようとはしなかったものの、レニングラード防衛を担う正規部隊には、軍事訓練を受けた民間人の一部が配置されていた。さらにレニングラードの防衛部隊をレニングラード市民による義勇兵師団が補佐しており、ニーナ・ペトロヴァが所属したのもこうした義勇部隊のひとつだった。ソ連軍がこのような状況におかれ、またペトロヴァには狙撃の経験があったために、1941年11月には48歳という年齢ではあったが、ペトロヴァは兵卒として軍の教官をつとめることになり、また第86タラトゥスカヤ歩兵師団第284狙撃連隊第1狙撃大隊の狙撃手となったのである。ペトロヴァは一介の狙撃手として任務についたが、すぐに、下士官では最高の階級である上級曹長に昇進し、所属する狙撃手グループのリーダーとなった。

　1942年の年初に、ニーナ・ペトロヴァは偵察部隊司令部から辞令を受けた。レニングラード付近で戦っているうえに狙撃学校で身につけた知識も豊富であったため、若い射手を教え、さらに前線の射撃陣地にも配置されたのだ。1944年、娘のクセニアへの手紙に、ペトロヴァはこう書いている。「一度、ドイツ軍狙撃手の撃った弾がわたしの帽子を貫通して、髪がこげたことがありました。このほかにも、上級中尉とわたしたちがある家の玄関前に腰をおろしているときに、敵の砲撃を受けてすぐそこに砲弾の破片が飛んできたことがあります。上級中尉は『わたしは4年戦地にいるが、まだ負傷したことはない』と言いました。そこでわたしもこう答えました。『わたしもですよ。戦地に4年いて、戦闘任務について戦ってばかりですが、負傷したことはありません』。ちょうどそのときです。上級中尉が司令官からよばれたのは。その直後、砲弾が炸裂してふたりの兵士が命を落とし、その上級中尉は手足を負傷したのです。わたしは

上：レニングラードを守る小隊。レニングラードの市民義勇兵で構成され、ソ連軍兵士といっしょにこの街を守った。

右：「ドイツの獣(けだもの)と戦え！」というタイトルのポスター。

上：キーロフ橋(現在はトロイツキー橋、または三位一体橋)に近いハルトゥーリン通り4番地の屋上に陣どり、敵爆撃機の監視を行う女性たち。見つけたら警報を鳴らす役目だ。

右：街中に対空砲がおかれていた。

下：市民義勇兵による防衛部隊が戦闘にも協力し、陣地づくりを手伝った。

　かすり傷程度ですみましたが、この騒ぎに肝を冷やしてしまいました。ほんとうに、わたしたちが自慢しあっていたちょうどそのときのことなのですよ…」

　1944年1月27日、レニングラードの包囲は破られた。事態は急速に進展し、ソ連軍は攻勢に出て、バルト海地方を解放した。ソ連軍の攻撃中、ニーナ・ペトロヴァは訓練で指導するよりも前線に出ているほうが多かった。歩兵の攻撃が敵機関銃による銃撃で阻止されるようなときは、狙撃手の出番だ。狙撃手たちは、ライフルで敵の機関銃を黙らせることができたのだ。1944年3月の時点でペトロヴァは計23名を射殺しており、指導し

上：レニングラード郊外で街を守り戦うソ連軍兵士たち。

右：聖イサク大聖堂前の石畳ははがされ、広場はキャベツ畑に変わった。包囲されたレニングラード市民の食糧にするためだ。また聖堂は戦時中、レニングラードの芸術作品を避難させる場としても使用された。

たソ連軍狙撃手は何百人にものぼった。そして3月2日、ペトロヴァは栄誉勲章3級を授与された。1944年8月、ニーナ・ペトロヴァは偵察と突撃任務を実行する歩兵部隊の一員として活動し、この間12人の敵兵を排除して、8月20日には栄誉勲章2級を授与された。1945年2月、第2白ロシア戦線におけるエルブロンクでの戦闘中に、ペトロヴァが率いるグループは狙撃によって敵砲手や機関銃手を排除する任務を担った。この任務でニーナ・ペトロヴァはひとりで32人ものドイツ兵を排除し、これで狙撃数は100に達した。ペトロヴァの叙勲推薦書に、指揮官はこう書いている。「同志ペトロヴァは連隊の戦闘すべてに参加しており、高齢にもかかわらず、頑強で勇猛果敢である。(敵兵を)『狩り』に行くことも多く、また戦闘の合間を利用しては狙撃手としての腕を磨き、その技術を連隊の兵士に伝授している。ペトロヴァが訓練した狙撃手は512名にのぼる」

ソ連軍司令官のフェジュニンスキー将軍の記述にも、ペトロヴァは栄誉勲章1級の授与に値するとある。のちに将軍は、自身の著書『厳戒態勢(Podniatyei po trevogei [On High Alert])』において、当時のことを回想している。

「わたしはペトロヴァのことをよく知っている。わたしたちが会ったのは次のようななりゆきだった。エルブロンク付近での戦闘の翌日、わたしが叙勲推薦書に署名しているときのことだ。狙撃手ペトロヴァ上級曹長の推薦書がわたしの目にとまった。栄誉勲章1級授与の予定になっていた。それまで赤軍では、栄誉勲章の1級から3級まで全級を授与された女性はいなかったはずだ。推薦書には、ペトロヴァは52歳だとある。わたしは目を疑った。50を超えているとはほんとうなのか。部下の参謀将校をよび、こう聞いた。『秘書のまちがいではないか』

『いいえ、そうではありません、司令官殿。同志ペトロヴァは若くはないのです』そう参謀将校は答えた。

上:ニーナ・ペトロヴァ(中央)とペトロヴァが指導した狙撃手たちの集合写真。1943年。ペトロヴァの年齢が高かったため、兵士たちは「マンマ」とよんでいた。

中:ニーナ・ペトロヴァは栄誉勲章(p.88の記事参照)を1級から3級まで授与されている。第2次世界大戦中にこの栄誉に浴した女性は4名しかいない。4名中、狙撃手はペトロヴァだけだ。

左:ニーナ・ペトロヴァの栄誉勲章1級叙勲推薦書。日付は1945年2月11日。このときペトロヴァは52歳だった。

建物の屋上で、レニングラード防衛の任務につく兵士たち。

『若くはないだと。年寄りといってもいいだろう！彼女をよべ。ここに来るよう言うのだ。会ってみたい。たいていの若者よりも果敢に戦っているではないか』」

その日の夕方、ニーナ・ペトロヴァはフェジュニンスキー将軍のもとに出向いた。

「ペトロヴァは痩せて髪は白く、しわだらけのごくふつうの顔立ちだが、活力あふれる女性だった。汚れてはいるが折り目のついたズボンをはき、兵士用のシャツには栄誉勲章２級と３級がついていた。身のこなしはすばやくむだがなく、実年齢を感じさせなかった。若い頃は運動能力が非常に高かったことがうかがえた。

わたしはこうたずねた。『ドイツ兵を100人以上も殺害したというのはほんとうかね』。彼女は、その数はすでに107人となっていること、またこれまでに訓練した狙撃手は480名ちかいことを教えてくれた。

さらにわたしは、『どういう経緯で軍に？　それにどうして狙撃手になれたのだ？』と質問した。

面談がはじまってまもなくは、ペトロヴァは恥ずかしそうにしていたが、少しずつ打ち解けてきた。『志願して前線に出たのです。徴兵司令所は認めようとしませんでしたが、わたしは引き下がりませんでした。戦前、わたしはレニングラードで射撃の教官をしており、女子ホッケー・チームの主将もつとめました。3キロの水泳大会に参加したこともあります。同志フェジュニンスキー将軍、もっと若いときに、この年になって重い装備を背負って行軍することになると言われても、冗談ではないわと、本気にしなかったでしょう。けれども52歳のいま、行軍してもなんの問題もありませんし、健康です。沼地やぬかるみに何日もひそむこともありますが、体調も悪くありません』

わたしは夕食をいっしょにとろうとペトロヴァを誘った。夕食のテーブルで、彼女はウォッカを断わった。酒

## GTO

GTOは *Gotov k Trudu i Oborone*（労働と国防にそなえよ）の頭文字をとったものだ。あらゆる学校で行われる体力づくりのための課程であり、この課程では個人の運動能力を判定する共通テストが実施された。1931年には法制化され、ふたつの課程が設定された。第一の課程は7歳から16歳までの生徒向け、もうひとつが17歳以上向けのものだ。テストで優秀な成績をおさめると金か銀の記章を授与された。テストでは、ランニング（スプリントとクロスカントリー）、スケートおよびスキー、幅跳びと高跳び、手榴弾投擲または砲丸投げ、水泳、懸垂および腕立て伏せ、小口径銃の射撃の技術を判定した。年齢別に、各種目の成績をグラフ化して成績評価が行われた。

## 第2次世界大戦時のソ連軍の階級

| | |
|---|---|
| **兵卒** | 兵 |
| Krasnoarmeets | 上等兵 |
| Efreitor | |
| **下士官** | 伍長 |
| Mladshiy Serzhant | 軍曹 |
| Serzhant | 上級軍曹 |
| Starshiy Serzhant | 上級曹長 |
| Starshina | |
| **中級将校** | 少尉 |
| Mladshiy leytenant | 中尉 |
| Leytenant | 上級中尉 |
| Starshiy leytenant | |
| **上級将校** | 大尉 |
| Kapitan | 少佐 |
| Mayor | 中佐 |
| Podpolkovnik | 大佐 |
| Polkovnik | |
| **高級将校** | 少将 |
| General-mayor | 中将 |
| General-leytenant | 大将 |
| General-polkovnik | 上級大将 |
| General-armii | 元帥 |
| Marchal | |

は飲まないというのだ。食事をとりながら、わたしたちは会話を続けた。

『兵士たちになにか不満はないかね』

ペトロヴァは笑いながらこう言った。『いいえ、ありません。あの子たちはわたしのことを「マンマ」とよんで、とても慕ってくれていますから。正直申しますと、中隊の大尉殿はわたしのことを少し怖がっているようなのです。まだ23歳ですからね』

『ニーナ・パヴロヴナ・ペトロヴァ。君の体に合った新しい制服を作らせようじゃないか』

『あら、遠慮いたします』ペトロヴァは肩をすくめてきっぱりと言った。『この年ですから、制服を新調するなんて。それにこのズボンは前線をはいまわるのに実用的なのです。ですが、新しいライフルでしたら喜んでお受けします。今のライフルは銃身の溝がすっかり傷んでいますから』」

ニーナ・ペトロヴァはスコープ付きの新しいライフルを受けとり、その床尾には金色のプレートが張られ、こ

上：最前線で。女性狙撃手と、双眼鏡をもつ女性観測手

上：義勇兵大隊で機関銃を担当するA・グセヴァとM・ヴォロンツォヴァ。1943年1月、レニングラードにて。ボリス・ヴァシュティンスキー撮影。

う記されていた。「陸軍司令官よりN・P・ペトロヴァ上級曹長へ」

その数日後、ペトロヴァは娘に手紙を書いた。

「愛するクセニア、わたしの狙撃数は少しずつ増えて、107になりました。栄誉勲章1級を授与されるともいわれています。実現すれば、栄誉勲章を全級もらうことになります。戦争が終わるまで頭が体にくっついていたら、の話ですけどね。でももらえないとしても、あなたは十分お母さんのことを誇りに思えるわ」

1945年春、戦争もあと数日で終わる頃には、ニーナ・ペトロヴァは狙撃手として有名な存在になっていた。ある日、ペトロヴァは「銃をとる女性兵士」仲間で、これも有名な狙撃手であるタチアナ・コンスタンティノヴァとたまたま会った。ふたりはしばらく会っていなかったので話したいことも多く、別の日の夜に、ドイツのオデル川の堤防で会おうということになった。しかし運命に邪魔され、この約束は実現しなかった。約束をかわした日の夜、ニーナは事故にみまわれたのだ。深夜、ペトロヴァはトラックに乗り、橋を渡っていた。その橋は損傷を受けて修復中だったのだが崩壊してしまい、数人の兵士が即死した。そしてニーナ・ペトロヴァもそのひとりだったのである。死の数日前、ペトロヴァはレニングラードに住む娘に手紙を書いていた。「戦うことに疲れてしまいました。もう4年も前線に立っているのですから。この戦争がじきに終わって、家に帰れますように。愛するクセニア、お母さんはあなたをこの腕に抱いて、キスすることを心から願っています」

1945年6月29日、ペトロヴァは死後、栄誉勲章1級を授与された。戦時中、ペトロヴァは500名を超す狙撃手を訓練した。さらに、栄誉勲章全級および、祖国戦争勲章2級、戦闘功績記章、レニングラード防衛記章を授与されている。ドイツ軍兵士と将校を122人射殺するという戦果をあげ、3名を捕獲した。1988年にはV・M・ミジンがレニズダート社から、ペトロヴァをとりあげた著書、『狙撃手ペトロヴァ（Sniper Petrova）』を出版している。

# レニングラード包囲戦

上:「全軍をあげてレニングラードを防衛せよ」
左:レニングラード防衛記章

レニングラード包囲戦は1941年9月8日にはじまった。レニングラードは、西はバルト海にのぞみ、北東にはラドガ湖がひかえる都市だ。1941年6月の開戦当初、ドイツによるバルバロッサ作戦がはじまった頃は、ドイツ軍の進軍は、とくにバルト海諸国方面に向けては迅速だった。7月なかばには、ドイツ軍第4装甲集団がレニングラードを脅かす位置まできていたのである。

レニングラードでは、市民が動員されて要塞を建造していた。だが8月27日から28日にかけてタリンの守備にあたっていた部隊がここをすて、フィンランド湾からレニングラードへと撤退した。「北の首都」(レニングラードの異名)への道が開かれてしまったことになる。レニングラードの防衛にあたる人々はもてるものはすべて利用し、地上での防衛戦に使用するため、船の大砲もはずされた。レニングラードのキーロフ工場ではKV-1およびKV-2戦車の製造を続け、戦車が数キロ移動すれば、そこはもう前線だった。1941年だけで、レニングラード防衛のため、この工場では700台を超す装甲車を製造した。ヒトラーとしては、北方軍集団を合流させて9月中にはレニングラード占領を完了させる目算だった。ヒトラーは、レニングラード占領が軍事上の勝利であることはもちろんだが、政治的にも非常に大きな影響力をもつものだと考えていた。

9月8日、ドイツ軍はラドガ湖に到達し、これによって実質、ソ連軍は陸路でレニングラードへの物資補給を行えなくなってしまう。一方のドイツ軍はレニングラードを目前にしたものの、街を防衛する部隊との激しい戦闘によって、レニングラード陥落がたやすくはないことを思い知らされた。そして北では、ソ連軍と戦うフィンランドの部隊が、カレリア防衛線で足止めをくっていた。

9月13日、ジューコフ将軍がレニングラードに到着し、街を守るべく指揮をとった。同じ頃ドイツ軍では、モスクワへの進軍速度が低

下:気温が大きく下がり、湖に張った氷が十分な厚さになると、食料補給の輸送隊が組織された。この湖上の補給ルートは「命の道」とよばれた。

下していたため、モスクワ攻略が優先されることが決定した。

　ソ連側は、レニングラード市民をラドガ湖を渡って避難させようとしていたが、市民の多くは包囲された街に残ることを決意した。しかし1943年冬の供給物資不足によって、生活環境は大きく悪化した。1941年7月17日にはすでに食料配給券が導入されており、街の防衛や工場での労働にたずさわる人々への配給が優先されていた。

　11月20日から12月25日までのパン配給量は最低レベルまで引き下げられた。1日ひとりあたり、戦闘部隊には500グラム、防衛や消火活動を行う市民には300グラム、労働者には250グラム、そのほかには125グラムという少なさだ。このため、気温が大きく低下してラドガ湖に張った氷が十分な厚さになると、すぐに物資の補給輸送が計画され、この湖上の補給ルートは「命の道」とよばれた。

　レニングラードでは、街を守るために市民による義勇兵部隊が結成された。こうした部隊は、空襲の監視や消火、街周辺の安全確保を行い、負傷者の世話をし、また軍の防衛部隊に燃料補給も行った。

　ソ連軍も、ドイツ軍による包囲を破ろうといくつかの作戦を実行している。1942年3月29日には、プスコフとノヴゴロドのパルチザンがドイツ軍前線を突破して、レニングラードに物資を運んだ。1943年1月12日には、赤軍が「イスクラ」(「火花」)作戦を発動した。準備砲撃を行ったのち、陸軍部隊が攻撃を開始したのだ。そして1943年1月18日、ラドガ湖南岸沿いに10キロほどの道が解放され、陸の回廊がふたたび確保された。

　この後ドイツ軍は守勢にまわり、一方で赤軍も、スターリングラードの攻撃を行っていたために部隊を増員することはできなかった。そして1944年1月14日から30日にかけて行われたネヴァ2作戦で、ドイツ軍の撤退は決定的になった。1月27日、レニングラードにおいて324門の砲が一斉に24の祝砲を撃ち、レニングラード包囲戦は終わった。この戦いは872日続いた。

上：対空重機関銃。写真奥で天空に向かって伸びるのは、ペトロパブロフスク大聖堂の高さ123メートルの尖塔。レニングラードの象徴だ。1942年10月9日、アナトリー・グラニン撮影。

右：道標をもつクマの人形の前で傲慢にポーズをとるドイツ兵。道標には、「ベルリンまで1485キロ、ペテルスブルクまで70キロ」と書かれている。

下：「12月のパン配給量平均──労働者250グラム、公務員125グラム、障がい者125グラム、子ども125グラム」

女性狙撃手4
# アリヤ・モルダグロヴァ

　1971年、モスクワでは、アリヤ・モルダグロヴァの名がついた通りに第891学校が創設された。通りには、その名の由来についての説明がおかれているわけではなかった。このため、学校に通う7歳から17歳までの生徒たちも教師も、やがて通りの名をもつ人物に興味をいだくことになった。少し調べると、その人がアリヤ・ヌルムハンベトヴナ・モルダグロヴァという名で、第2次世界大戦の女性狙撃手だったことが判明し、生徒たちは、モルダグロヴァが所属した女子狙撃学校や第54射撃旅団の退役兵に話を聞くことになった。そして生徒たちは協力しあい、モルダグロヴァについての情報を集めたのである。

　アリヤ・モルダグロヴァは1925年6月15日に（10月25日という資料もある）現在のカザフスタンにあるブラクの町で生まれ、8歳のときに、アルマトイに住む叔父と暮らすことになった。モルダグロヴァはすぐに、叔父の妹で自分と同い年のサプラと仲よくなる。アリヤ（ニックネームはリヤ）は、負けん気が強く毅然とした少女だった。1935年に叔父はレニングラードに仕事を見つけ、一家はそろってレニングラードに移ることになった。アリヤが16歳の1941年、大戦が勃発した。そしてドイツ軍がレニングラードを包囲しこれが3年続くが、アリヤは生きてこの街を出ることができた。レニングラード包囲戦では、アリヤは昼夜交代で街を監視するグループに参加し、ドイツ軍の爆撃を受けて燃える家々の消火活動を行っている。1942年3月、アリヤはレニングラードから避難し、ヤロスラヴリ州のヴァツコエに移った。この頃のアリヤは、パイロットになってドイツ軍に爆撃を行いたいと願うようになっていた。そこで1942年10月にルイビンスク航空学校に入ったものの、期待は裏切られてしまう。飛行機を飛ばすのではなく、製造工程に配属されたのだ。

　3か月後、アリヤは入隊して前線に出たいという申請書を出した。1942年12月21日には、「前線に出るために」航空学校をやめた。けれどアリヤはまだ17歳で戦闘に参加できる年齢に達していなかったため、モスクワ近くのヴェシニャキにある女子狙撃学校に送られた。アリヤに続き航空学校から狙撃学校に移った仲間は、アリヤは若くて小柄だったが、剛毅果断な性格

「勇敢なリヤ、粘り強いリヤ。カザフスタンの娘、レニングラードの娘よ」

上：アリヤ・モルダグロヴァを描いたカザフスタンの郵便切手。

左：17歳で、アリヤはヴェシニャキの狙撃学校に入学した。

だったと述べている。アリヤは年齢や体格に合わせ第4中隊に入隊し、1943年の年初に、「優秀な女性射手養成のための狙撃訓練」をはじめた。1942年12月に創設されたばかりの課程で、ここでの訓練は3か月続いた。アリヤはサプラへの手紙にこう書いている。「今日は森へ出かけて、花束を作りました。すぐ近くに森はあるし、学校は野原に囲まれ、あたりは花がいっぱいです。いろんな花がとてもきれいに咲いていて、ひとりじめするのはもったいないくらい。手紙といっしょに花も送りたいわ」。手紙には「リヤ」というサインがあった。

1943年5月、アリヤは開校したての中央女子狙撃訓練学校の1期生となり、射撃訓練や敵から身を隠す訓練を積んだ。ここでは、「VLKSM（コムソモール）中央委

上：カザフスタンのアクトベ（旧アクチュビンスク）にあるアリヤ・モルダグロヴァの記念像。

右：モスクワに設置されたアリヤ・モルダグロヴァをたたえる記念碑。記念碑がある通りの名はアリヤにちなみ、碑には「ソヴィエト連邦英雄アリヤ・モルダグロヴァ」ときざまれている。アナトリー・テレンティエフ撮影。

員会より優秀射手へ」ときざまれた個人用ライフルを支給されている。同期生の話によると、アリヤは1943年7月にこの学校を終えたようだ。しかしアリヤは、レニングラード包囲戦下の劣悪な環境で消耗した体力が完全には戻っておらず、体調は万全とはいえなかった。このため教官のひとりとして学校に残ってはどうかという提案もあったが、それをあっさりと断わり、1943年7月に北西戦線へと向かった。訓練学校の仲間数人とともに、アリヤは第54射撃旅団に送られた。そのひとりであるナディーア・マトヴェエワは、1943年6月に自分とアリヤ、ジーナ、それにほかにも数人の女性が前線に送られることになった、と述べている。女性射手たちは前線に行くことを強く希望し、前線ではふたりひと組で所定の射撃陣地につく任務を担った。そして夜の闇にまぎれて陣地に入り、「ドイツ兵を照準器にとらえてちゃんとお返しするまで」じっとそこにひそんだのである。

アリヤの仲間のひとりがこう書き残している。「1943年8月、狙撃手アリヤ・モルダグロヴァがわたしの旅団に入ってきた。きゃしゃで、とてもかわいい女の子だ。まだ18歳だけど、10月にはもう32人のドイツ兵を射殺していた。リヤは怖いもの知らず。負傷者の回収にも手をかしている」

アリヤの上官のひとりである政治将校のヴァルシャフスキーは、アリヤが参加した最後の戦闘についてこう述べている。「1月初旬、われわれはノヴォソコリニキをめざし前線沿いに移動していた。敵の防衛線を破ると、われわれの旅団はノヴォソコリニキの北端へと急いだ。しかしナスヴァ駅付近で敵の銃撃にみまわれた。夜のあいだにわれわれは攻撃態勢を整え、夜明けに攻撃を開始した。狙撃手をそろえる大隊が、ノヴォソコリニキとドノー間の線路を切断し、カザチカの町を占領することになっていた。だがドイツ軍が敷いた第一の防衛線はうまく突破したものの、敵はすぐに激しい銃撃で応戦し、歩兵は身を伏せ進めなくなってしまった。攻撃計画は失敗したのだ。この大事な場面で、アリヤが立ち上がり叫んだ。『わたしとともに撃て！』と。すると兵士たちはその声に応じて立ち上がり、攻撃を再開した。その後もアリヤの奮闘が原動力となって、敵の反撃を3度も押し返している。こうしてわが隊は攻勢を保ったのだ」

この日の戦闘が、アリヤの最後の戦いとなってしま

左ページ：第891学校にある記念碑の銘板。「この学校は、ソヴィエト連邦英雄であり、カザフスタンの娘であるアリヤ・モルダグロヴァにちなんで命名されている。アリヤは大祖国戦争で倒れた。1925-1944」

ノヴォソコリニキに設置された記念像。1944年1月14日の、アリヤの最後の戦いの場所だ。

った。ナディーア・マトヴェエワはアリヤの観測手で、ふたりはとても仲がよかった。ナディーアはこう書いている。「カザチカをめぐるあの激しい戦いで、狙撃班のリーダーが負傷しました。このためアリヤが立ち上がり、ドイツ軍の塹壕までずっと班の指揮をとったのです。迫撃砲の砲弾が爆発してリヤの腕にあたりましたが、それでも、砲撃の熱のなかをわたしたちは前進しました。ドイツ軍との接近戦です。わたしたちが撃ちおえたとき、ナチの将校が突然アリヤの前に現れました。ふたりは同時に撃ちあったのですが、相手はその場で命を落とし、アリヤは重傷を負ってしまいました」

この戦闘は1944年1月14日に、ノヴォソコリニキの北で起きた。4人の兵士でアリヤ・モルダグロヴァを

上：モスクワの第891学校内。モスクワのカザフスタン大使館の支援によって、アリヤ・モルダグロヴァを記念する博物館が設置された。カザフスタンからの派遣団が学校を訪問中。

左：学校内に設置されたアリヤ・モルダグロヴァ博物館を訪問する退役軍人。

つれもどしたものの、その負傷が原因でアリヤは亡くなった。公式には78という戦果をあげたアリヤは、ノヴォソコリニキから遠くない、モナコヴォの町に埋葬された。18歳という若さだった。アリヤが所属した旅団の指揮官は、アリヤの階級で可能な最高の勲章が授与されるよう上申した。1944年6月4日、アリヤ・モルダグロヴァはソヴィエト連邦最高の栄誉であるソ連邦英雄の称号と、レーニン勲章を授与された。戦時中、カザフ人女性でこの栄誉に浴したのはふたりしかいない。もうひとりは第21歩兵親衛師団砲手のマンシュク・マメトヴァで、1943年10月15日の戦闘中に命を落としている。

モスクワの第891学校には、カザフスタン大使館の支援によって博物館がおかれ、記念碑が建造されることになった。そして博物館設置の際の調査の結果をくんで、1988年には学校が「ソヴィエト連邦の英雄アリヤ・モルダグロヴァ」と新たに命名されて、カザフスタンとロシアの友好を示す場となっている。

## ソヴィエト連邦英雄

「ソヴェイト連邦英雄」の称号は、ソヴィエト連邦最高の栄誉だった。この称号は戦闘中の英雄的行為や、平時における非常にすぐれた功績にあたえられた。1934年4月16日、ソヴィエト連邦共産党中央委員会の決議によって創設された称号だ。初期には、この称号を受けるに値する人物は、ソヴィエト連邦英雄とともにレーニン勲章のメダルが授与された。1939年には、この称号を授与された人がもらう記章が創設された。これがソ連邦英雄金星章だ。同じ人物がこの称号を複数回授与されることは可能だったが、レーニン勲章は最初の授与でのみ贈られた。ソ連邦英雄の称号は、氷原で航行不能になったチェリュースキン号の乗員・乗客の救出を支援した7人のパイロットに贈られたのが最初だった。なかでも、アナトリー・ラピデフスキーが第1号の受章者だ。また軍事的功績ではじめて授与されたのは、スペイン内戦で戦った11名のソ連軍兵士だ。1941年に第2次世界大戦がはじまると、対日戦争と冬戦争後に、626名の兵士がソヴィエト連邦英雄の称号を授与されており、うち3名が女性だった。この称号の授与は1941年から1945年のあいだに集中しており、その数は1万1657名にのぼり、90名が女性だ（このうち49名は死後の授与）。ノルマンディ・ニーメン連隊のフランス人パイロット4名も金星章を授与された。5名の女性狙撃手もこの称号を受けている。

ソ連がアフガニスタンで行った戦争でも、85名がソ連邦英雄の称号を受け、そのうち28名は死後の授与だった。最多の4度の授与となった人物には、ジューコフ元帥とソ連共産党書記長レオニード・ブレジネフがいる。3回授与されたのは、戦闘機パイロットのイワン・コジェドゥーブ、アレクサンドル・ボクルイシュキン、セミョーン・ブジョーンヌイ元帥だ。ソ連の解体後はこの称号の名称も変わり、1992年3月20日以降はロシア連邦英雄となった。

下：第891学校のアリヤ・モルダグロヴァをたたえる博物館には、調査チームが戦場跡で発見した戦闘の遺物をおいたコーナーもある。第891学校所蔵写真。

第3章
# 中央女子狙撃訓練学校

上：狙撃学校の副指揮官V・ピノドチィアン中佐。射撃訓練を終えた生徒と。

左：女子狙撃訓練学校で学ぶためにポドルスクに到着した女性たち。

　中央女子狙撃訓練学校は1943年から1945年まで存在し、4期にわたり1000名をゆうに超す狙撃手を送り出し、所属する狙撃教官も407名にのぼった。

　ソ連軍では、1941年の時点でどの部隊にも狙撃手はいたが、大半は、部隊でいちばん腕のよい射手にスコープ付きライフルを支給しているだけというのが実情だった。兵士となる以前にフセヴォブーチ（Vsevobuch、民間人向け一般軍事訓練課程）で射手の訓練を経験していたのも、そのなかのごく一部にすぎなかった。部隊内で狙撃手の訓練が行われてはいたが、開戦当初はこうした状況が続いていた。だがやがて、一元管理した訓練プログラムを創設する必要性が認められるようになる。一流の狙撃手が指導を受けもち、共通の訓

上：駅のプラットフォームで整列する狙撃学校の生徒たち。1943年。

下：前線に向け出発する前に、駅のプラットフォームに集合した女子狙撃訓練学校の生徒たち。

練を行って狙撃手を養成するのだ。1942年3月20日、ソヴィエト連邦人民委員会議国防人民委員部（NKO SSSR）の命令によって、狙撃教官を養成する「中央狙撃教官学校」を創設することが決定し、この学校はモスクワ州ヴェシニャキにおかれた。ここで教官となる訓練を受けるためには、「フセヴォブーチで110時間の訓練プログラムを終えた優秀な射手であり、すくなくとも7年の経験を有し、体格にすぐれ、20歳以上」という条件を満たす必要があった。1期生の訓練は1942年4月18日にはじまり、5月3日に軍事パレードが行われて学校が正式に開校した。1942年11月27日以降、この学校は再編されて名称を「中央狙撃教官養成校」とした。

大戦勃発時、徴兵司令所には、前線に出て戦いたいという女性が多数出向いていた。しかし、女性の多くは医療隊や通信部隊、あるいは義勇兵部隊やパルチザンのグループといった民兵部隊に配属された。ソ連軍司令部は公式には、歩兵であれ騎兵であれ、あるいは戦車部隊であれ、女性は戦闘部隊には配属しないという見解だったのだ。だがオソアヴィアヒムが女性にも開放されて以降は、多くの女性が民間で準軍事的な訓練をすませており、とりわけフセヴォブーチの射撃学校を修了した女性は多かった。こうした女性は火器の扱いができて軍の規律も経験していることが、入隊申請ではある程度有利に働いた。射撃訓練を受けて銃の使い方を習得していることから、射手の資格があると主張でき、入隊の可能性が開けたの

上：「学校では、200メートルと300メートルから撃ちました。射撃の訓練はいろいろありました。夜間射撃もやります。観測の訓練は800メートルまでですが、ライフルは直線距離で2キロまで撃てます」

下：狙撃学校では、若い女性たちが戦術、カムフラージュ、射撃、弾道学などを学んだ。

だ。もっともソ連軍司令部は女性の戦意を疑ってはいなかったし、すでに、リュドミラ・パヴリチェンコやニーナ・ペトロヴァといった女性も立派に活躍していた。そこで、多くの生命が失われていることを考慮し、ソ連軍司令部は、戦闘部隊への女性の投入を前向きに検討することにした。そして1942年12月7日に女性向けの狙撃訓練課程が創設され、中央狙撃教官養成校で3か月の訓練が行われることになった。1943年2月2日には、「優秀な女性射手のための狙撃訓練」課程の教官と生徒たちが、前線に出て狙撃手（大きな名声を得る職業）として戦う可能性が生まれたことに奮いたち、協力しあって、狙撃用ライフルの製造資金として6万9260ルーブルを調達した。

女性の訓練を認める気運が強くなっていくのとともに、ソ連軍司令部も女性の戦意の高さと女性たちがすばらしい結果を出すことを認めるようになっていた。女性が前線に立つこと自体が勇敢な行為であるうえに、侵略者たちと戦いたいと希望する女性は非常に多かった。こうした状況をくんで、司令部は、男性と同等の訓練を同じ期間行う、女性向けの狙撃学校を創設する時機だと判断した。1943年5月21日、女性向けに行っていた訓練は中央女子狙撃訓練学校となり、3か月の訓練期間も7か月に延ばされた。1943年6月5日には、この狙撃学校はチェチェン共和国シェルコフスカヤ州アミロヴォの町に移転した。

1943年6月22日、1期生54名の若い女性狙撃手が北西戦線に配属されて第3突撃軍にくわわり、50名がカリーニン戦線へと向かった。その他の125名は狙撃学校に教官としてとどまるか、ほかの訓練を行った。7月25日には、女性狙撃手の2期生が入学の宣誓を行った。冬が近づいてきた9月11日、狙撃学校はアミロヴォから、モスクワ州のポドルスクにほど近い町シリカトナヤに移った。ここでは、生徒たちは自分たちで造った兵舎で生活した。そして教官と生徒が好成績をあげると、多くの場合、司令部から個人用の狙撃用ライフルや腕時計、祝いの手紙といった褒賞を贈られた。

1944年1月24日、狙撃学校の2期生が訓練を終え、うち121名は西部および北西戦線へと発った。訓練の修了時に行う軍事パレードには、フセヴォブーチの本部長である旅団指揮官ニコライ・プローニンが、ソヴィエト連邦最高会議の赤旗とともに出席して祝辞を述べた。そして上級参謀将校の命令によって150名の女性狙撃手がカレリア戦線

へと派遣され、また第1および第2バルト海戦線はそれぞれ75名を迎え入れた。西部戦線は200名、第1白ロシア戦線は85名だ。計585名の女性が戦闘へと向かい、そのうち16名は優秀な狙撃技術によって個人用のライフルを授与されていた。

　クラウディヤ・イェフレモヴナ・カルギナはこの2期生のひとりだ。戦後、インタビューを受けたカルギナは、女子狙撃訓練学校で学んだ当時のことを聞かれ、こう答えている。

——インタビュアー：狙撃手と観測手のペアはどのようにして決めたのですか。

——カルギナ：学校に到着したばかりで、まだ私服で整列しているとき、わたしの隣はマルーシャ・チグヴィンセヴァという女の子でした。そのまま、わたしたちはペアになったんです。簡単な理由です。わたしたちふたりはいっしょに訓練を受け、なにからなにまでいっしょにやりました。

——インタビュアー：学校ではどんなことを学んだのですか。

——カルギナ：戦術やカムフラージュや射撃です。弾道についても勉強しました。銃弾の飛び方とか。最初は上向きに飛んで、それから少しずつ降下しながら標的に向かうんです。

——インタビュアー：訓練ではどのくらいの距離から撃ったのですか。

——カルギナ：学校では200メートルと300メートルです。射撃の訓練はいろいろありました。夜間射撃もやります。観測の訓練は800メートルまでですが、ライフルは直線距離で2キロまで撃てます。でも、前線では距離を選べませんし、そのときの状況しだいになります。ドイツ軍の前線がすぐ近くのときもありました。だから、200メートルだろうと1200メートルだろうと、撃てなければならないんです。

——インタビュアー：うまい射撃を行う秘訣はなんでしょう。

——カルギナ：カムフラージュですね。まわりの景色に溶けこむ方法を学んでおかないと。学校では嫌というほどやりましたよ！　自分では、うまくやった、見つかるはずないと思っても、教官はとにかく見つけてしまうんですよね。制服は緑色で、冬用は白です。それからわたしたち女性狙撃手はいつもズボンでした。スカートははきませんでしたね。

——インタビュアー：双眼鏡は使いましたか。

——カルギナ：いいえ。わたしが使ったのはスコープだけです。スコープをつけると、距離は2キ

上：司令部は、男性と同等の訓練を同期間行う、女性向けの狙撃学校を創設する時機だと判断した。

下：敵狙撃手をおびき出すために、にせのターゲットを使う戦略的な射撃訓練が行われた。

# 「ヴィストレル」

　1918年11月に高等歩兵指揮学校の創設が命じられ、その後オラニエンバウム（現ロモノソフ）に歩兵士官学校が、部隊の指揮官養成と、火器使用の新手法の研究・試験のために設立された。
　1923年4月、この学校が、労働者・農民赤軍指揮官養成高級戦術歩兵学校、「ヴィストレル」と改名された。
　1929年、ヴィストレル（「一撃」）では狙撃手の課程が創設され、狙撃手とその指揮官養成のための授業が行われた。1941年の開戦時には、ヴィストレルはモスクワ州ソルネチノゴルスクにあったが、その後、避難のためチェリャビンスク州キシュティムに移設されている。
　1963年12月11日には、シャポシニコフ元帥記念高等将校学校ヴィストレルと改名された。
　1998年11月1日、再度名称を変更し、ロシア軍諸兵科連合軍事アカデミー・ヴィストレル訓練センターとなった。

ロ、幅は800メートルの範囲にあるものが見えるんです。監視で目が疲れて「マルーシャ、代わって」って言うと、観測手のマルーシャが交代してくれます。狙撃手の任務は将校や機関銃の銃手を排除することです。連絡係もそうですね。すごく足が速いですからね。撃たなくてはなりません。ただの兵士は撃つ必要はありません。そして1発撃ったら、ライフルをおいて、身動きせずにじっと身を伏せるんです。
——インタビュアー：では、実質、1日にひとりというところですか。
——カルギナ：そうですね。狙う相手がいればですけど…ひとりもいないときもあります。
——インタビュアー：使ったライフルの種類は。
——カルギナ：モシンの3ライン、スコープ付きです。銃剣もついていました。小さなシャベルと、携帯用食器、包帯、弾薬も携帯していました。それから手榴弾も2個。1個は

左上：1922年のヴィストレルの集合写真。教官と生徒に囲まれ、中央にいるのが校長のN・フィラトフ。

右上：狙撃班のリーダー、アンナ・モロゾヴァ。

ドイツ兵に、1個は自爆用です。これは決まりでした。捕虜にならないように使うんです。狙撃手がつかまったら、容赦なしの扱いですからね。
──インタビュアー：狙撃の最長距離はどれくらいでした。
──カルギナ：ドニエプル川の近くで、砲手と狙撃手を撃ったときです。野原の向こう側の小屋にいたんです。1キロはありましたね。でも2キロとなると、わたしは命中したことがありません。
──インタビュアー：横風で撃ったことはありますか。
──カルギナ：はい。訓練でもやりましたし、動いている標的を狙う訓練もしました。学校には、動く標的用の訓練設備があったんです。射撃をする生徒と、狭い塹壕に入って、ハンドルをまわして標的を動かす生徒に分かれてやるんです。みんな、標的役がまわってきませんように、って祈ってましたよ。雪のなか、1日中あお向けになって標的を動かすなんて、ぞっとしない話ですよね。
──インタビュアー：前線では、狙撃手のグループは歩兵連隊に所属していたのですか。

上：前線では、ふたり組6チーム、12人の狙撃チームで連隊の補佐をした。
下：元女性狙撃手たちの集まり。1985年に開催された対独戦勝40年の記念式典で。ポドルスクの公文書館所蔵写真。

上：狙撃手が使用したのはモシン・ナガン、3ラインのライフル。スコープ付き。

左：女子狙撃訓練学校を出たばかりの若い狙撃手がライフルをかかえ、宣誓している。

──カルギナ：ふたり組が6チーム、12人の狙撃手グループが連隊を補佐して、ふたり1チームで塹壕に入りました。連隊が攻撃をはじめるまで、そこにいっしょにいることになります。
──インタビュアー：狙撃手は同じ場所にはとどまらないのでは。
──カルギナ：同じ場所ですか？ 塹壕は500メートルもあるんですから、よく移動しましたよ。
──インタビュアー：歩兵部隊には狙撃手はいたのですか。
──カルギナ：はい、でも少人数でしたし、狙撃学校には行ってないんです。射撃がうまい人がスコープ付きのライフルを支給されているだけです。
──インタビュアー：何人ドイツ兵を狙撃したのですか。
──カルギナ：はっきりはわかりません。部隊が攻撃しているときは、射殺しても数えませんでした。部隊の戦果になるんです。わたしが撃ったの

かどうか証明できないからです。守りのときは、わたしたちがいる部隊のリーダーが確定数を記録するので、それを自分で指揮官の将校に提出します。
——インタビュアー：負傷させただけなのか、射殺したのかは、どうやって確認するのですか。
——カルギナ：それはわかりません。相手が倒れたら、射殺したことになるんです。

1944年4月、3期生の訓練がはじまり、若い生徒たちは5月1日に入学の宣誓を行った。狙撃学校創設1周年を記念して、5月21日から6月6日にかけて戦闘体験を語りあう会が催され、経験豊富な女性狙撃手22名が、若い生徒たちと経験を共有するために前線から駆けつけた。11月、3期生が訓練を終え、11月25日に559名の女性狙撃手が戦線に発った。戦争は徐々に収束に向かいつつあり、ソ連軍はすでにドイツの領土に入っていた。1944年11月に訓練を開始した4期生は訓練期間を短縮し、最終戦にくわわった。1945年の春になる頃、最後の配置が行われ、生徒と教官の大半は戦線に向かった。149名の教官兼狙撃手と、262名の狙撃手だった。

1945年3月15日から5月10日にかけて、狙撃学校は閉鎖された。戦争も終結に近づき、結局、女子狙撃学校は閉校が決まった。教官の一部は、高等将校学校ヴィストレルでさらに高いレベルの訓練を行った。また106名の女性射手はモスクワの軍事学校の試験に合格し、少尉に昇進した。

女子狙撃訓練学校が存在した2年間で、1000名を超す女性射撃手が育った。軽く見積もっても、女性狙撃手たちは1万8000人超のドイツ兵を排除しており、これは師団1個に相当する人数である。

右：狙撃学校の卒業生であるニーナ・ソロヴィ（右手）が、狙撃手としての経験を教えようと学校に戻ったところ。女子生徒のあいだでは、一致団結の精神が非常に強い。

下：狙撃学校の同期で最優秀の生徒たち。この10名の若い女性たちには、褒賞としてコムソモールからそれぞれにスナイパー・ライフルが贈られた。1944年11月。

# 第4章
# スナイパー・ライフル
## モシン・ナガン（3ライン）

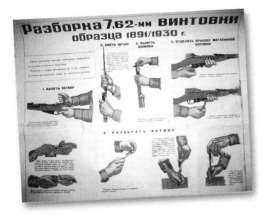

上：「3ライン」はソ連全土の兵士にも一般市民にもよく知られていた。白軍と赤軍（ボリシェヴィキ）とのあいだで争われたロシア内戦でも使用されていた火器だ。

左：7.62ミリ口径のライフル、モデル1891/1930の取り扱いを説明したポスター。1940年版。

　第2次世界大戦でソ連軍の狙撃手が使用したのは、モシンM1891/30、3.5倍固定倍率のPUスコープ付きライフルだ。これは、歩兵部隊向け制式ライフルから派生したモデルだが、もとのライフルとの違いはわずかだ。モシンのライフルはソ連全土の兵士にも一般市民にもよく知られていた。白軍と赤軍（ボリシェヴィキ）とのあいだで争われたロシア内戦（1917～22年）でも使用されていた火器だ。このライフルの歴史のはじまりは大戦の50年前にさかのぼる。

　口径7.62ミリ（ロシアの用語では3ライン）のライフルは1891年にロシア帝国陸軍で制式採用

# 「トリョリネイカ (Triohlineika)」

このライフルの設計の中心人物であるモシンとナガンからとった名は、開発当初から使われていたわけではない。兵士はこのライフルをトリョリネイカ(「3ライン」)とよんだ。3ラインという名は、このライフルの口径である7.62ミリを意味する。当時、ロシアは古い計測単位であるデュイム(duim、インチ)を使用しており、1ライン(2.54ミリ)は1デュイムの10分の1であるため、3ラインはつまり7.62ミリとなる。これは世界中で使われた口径だ。フランスにもこの口径を使用する火器は数種類あり、FRF2スナイパー・ライフルとANF1マシンガンはどちらも7.62ミリだ。

され、正式名称を「3ライン・ライフル・モデル1891」といった。1877〜78年にかけて行われたロシア・トルコ戦争では、ロシア軍は旧式のベルダン・ライフルを使用したが、このライフルはトルコ軍のウィンチェスター連発式ライフル、M1866および1873にあきらかにおとっていた。このため、1882年に新しいライフルの開発が決定されたのである。翌年の1883年に、装填にクリップを使用するライフルを試験するための委員会が招集され、ロシア内外の150ちかいライフルが調査、研究された。しかし当時の装填システムで信頼性が突出するものはなかったため、どれかひとつを後継銃に選ぶことにはならなかった。

その当時、ロシア軍では口径もカートリッジも異なるさまざまなライフルを使用していた。軍部はさらに新しいモデルを増やしたくはなく、既存の全ライフルに代わる、口径を1種類にしぼった、技術的に進んだ火器を開発しようとしていた。ちょうどその頃、無煙火薬が登場した。元素の周期表を作成したことで知られる著名な化学者、ドミトリ・イワノビッチ・メンデレーエフが試験をくりかえし、1889年に開発したものだ。さらに同じ頃、ロゴフツェヴァ大佐は7.62ミリ弾を作成していた。

1889年、20数種類のなかから、ふたつの火器——レオン・ナガンの3.5ライン・ライフルと、セルゲイ・モシン大尉の3ラインのライフル——が選ばれた。当時の委員会による調査・研究の成果として、求めるライフルのおおまかな仕様が作成されている。「フランスのルベル・ライフルを参考にロシアの3ライン口径の銃身と照星を適用。内蔵式弾倉、5発入りクリップを使用。ボルトを前後させて装填」。ふたつのライフルの信頼性を確認するために、委員会は双方のライフルを300丁ずつ発注し、一連のテストを行った。そして比較テストの結果、モシンのライフルには不具合など217件の事例が、ナガンについては557件が報告された。委員会はまたナガンのライフルは部品が多く高額な点も考慮に入れた。

1891年、テストを終えた委員会はモシンのライフルを採用することにしたものの、ナガンのライフルの性質をいくつかとりいれて修正し、また委員会のメンバーによる提案も検討することになった。この結果、モシンの3ライン・モデルに、ナガンの5発装填システムをとりいれたライフルが生まれた。1891年4月16日、ロシア皇帝アレクサンドル3世はこのモデルを承認し、正式に「モデル1891」とよばれることになる。その功績によってモシンは、兵器類のすぐれた開発に贈られる「ミハイロフスキー賞」を受賞した。

翌年にはロシアの3工場で大量生産がはじまった。しかしロシアの製造能力は十分ではなく、50万丁がフランスのシャテルロー造兵廠で製造された。3ラインの口径を選択したことでライフルの射程は延び、精度と弾道の質も向上した。この3ライン・ライフルは、1893年のロシア軍分遣隊

上：このライフルは武装ギャングが使ったり、また小作農が自衛用に持ったりした。そうした場合には、隠しやすいように銃床と銃身の先端を切り落として短くした。こうした銃は、「切断する(Obrezat)」という意味の言葉をもじってオブレズ(Obrez)とよばれていた。

下：このポスターには、ライフルの手入れに必要なものが描かれている。「戦闘において正確であるために、自分の命と同じようにライフルも大事にすべし」とある。

とアフガニスタンとの戦闘で、パミール山脈においてはじめて使用された。

　この3ラインのライフルは、ロシア軍では初の弾倉使用のライフルだった。カートリッジの装填にはクリップを使用し、ライフルの上部から押しこむと、クリップに4発、もう1発が薬室におさまった状態になる。開発時からいく度かの修正はへているが、基本的な構造や性能については当初のままである。最初、ライフルは歩兵、ドラグーン、コサックの、それぞれ長さが異なる3つのモデルが製作された。そして使用するうちに定期的

左：1891/30のスコープ付きスナイパー・モデルの射撃法を解説するパンフレット。1971年国防省発行。このライフルは非常に長期にわたって使用された。

下：モシン・ライフルはロシア初の弾倉使用ライフルだった。クリップを利用してカートリッジを装填した。

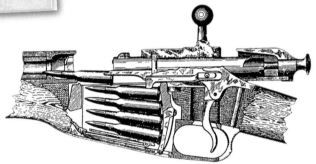

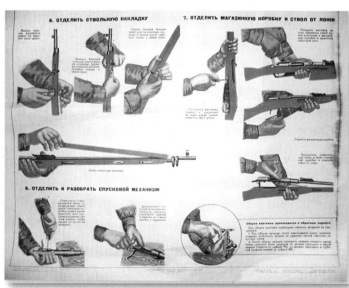

左：ライフルは扱いやすく、維持も簡単だった。

下：ライフルとスコープの使用法と維持の手引き書。

F・ルーニン大尉率いる班所属の狙撃手たち。モシン・ライフルを持ち、集団で敵機銃撃の態勢を披露している。

下：製造年によって異なるライフルの刻印。左から右へ、1913年、1921年、1925年、1933年、1940年。

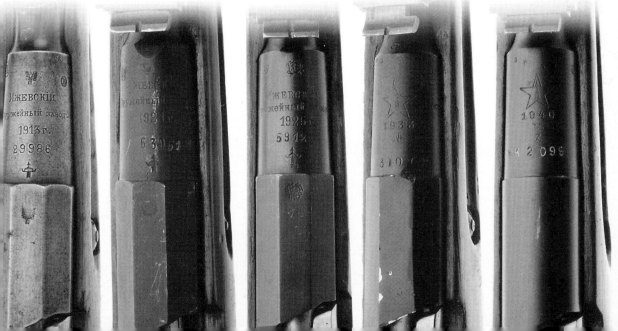

上と下：モシン・スナイパー・ライフルに装着するPUスコープ。

に改良されながらこのライフルは完成していく。1907年には、3つのモデルのほかにも騎兵用のカービン・モデルが生まれている。1922年以降はドラグーン・モデルのライフルのみが製造されるようになったが、1907年開発のカービン銃の

下：3ライン・ライフルは今日もハンターやトラップ射撃愛好家が使用している。マキシモフ撮影。

使用は続けられた。1917年10月のロシア革命と、その後の赤軍と白軍の双方が使用したロシア内戦の数年間で、このライフルはロシア全土に知られるようになった。またこのライフルは、武装ギャングが使ったり、小作農が自衛のために持ったりすることもあった。こうした場合には、衣服のなかに隠しやすいよう銃床と銃身の先端部を切り落とし、長さを短くしていた。このため、こうした銃は、「切断する（Obrezat）」という意味の言葉をもじってオブレズ（Obrez）とよばれていた。モシン・ライフルは赤軍の主要火器となり、新兵はみなこのライフルの扱い方や手入れ、射撃法を学んだ。また、銃身に銃剣をつけ、接近戦を行う方法も身につけた。モシンM1891/30の射手用教習マニュアルにはこう書かれている。「このライフルは歩兵の主要火器であり、射撃および、銃剣と銃床の使用で敵を倒す。孤立した歩兵に対しては大きな効果を上げるライフルである」

1924年、ソ連では、ライフルの最新化をはかる委員会が設置された。だが、ライフルは旧式化していたものの当時の経済が困難な状況にあったために、別のモデルに置き換えるのはむずかしいという意見が出た。この結果、6年後の1930年に、3ラインの改良モデルが生まれた。照門（リアサイト）は同じくタンジェントタイプだが、照尺は旧タイプのアルシンからメートル表示へと変更された。また銃身はM1891よりも7センチほど短くなり、構造と銃剣の装着にも改良がくわえられた。こうした改良をほどこしたモデルには設

## 3ライン・モデル 1891/30

口径：7.62×54ミリ
総重量：3.86キロ
全長（銃剣なし）：123センチ
全長（銃剣付き）：166センチ
銃身：73センチ
弾倉：4発（＋薬室に1発）
初速：870メートル／秒
PUスコープ使用の射程：1300メートル
戦闘中の射程：600メートル

計技師の名が正式名称に使用され、「モシンシステム・ライフル・モデル1891/30」と命名されたのである。さらに1932年には、3ラインをベースにした狙撃手向け特別仕様ライフルが開発された。このライフルはほかのモデルにくらべ、銃身や各部品に細かな配慮がほどこされていた。ボルトハンドルは改良され、スコープ使用時に扱いやすいよう下向きに曲がった形になった。このタイプは、ソ連初の狙撃手向け国産ライフルである。ソ連は射手を積極的に採用するようになり、軍人であれ民間人であれ、非常に射撃の腕の立つものは、「ヴォロシーロフ射手」記章をつけて狙撃手となった。

このライフルは使いやすく、維持や射撃も容易だったが、問題もかかえていた。19世紀末には斬新だったカートリッジの装填方法も、第2次世界大戦がはじまる頃には技術が陳腐化していたからだ。弾倉内のカートリッジの配列は、互い違いではなく一列だった。さらに安全にかかわるシステムもなかったため、引き金に安全対策をほどこす必要性が生じ、使用中でないときには（行軍や森の横断、訓練時）ボルトを引き抜いておいたが、こうするとボルトの紛失が多発した。また銃剣は着脱できたが、実際にはつねに銃身に装着した状態だった。ライフルがすべて銃剣を装着していたのは、銃剣をとりはずすと、銃弾の軌道を変えることになるからだった。

第2次世界大戦前には、シモノフAVS-36やトカレフSVT-38、その改良型のSVT-40など、

上：モシン・ライフルのスナイパー・タイプは、戦時中の製造数は多いものの、コレクターのあいだでいまも非常に評価が高い。

右：PUスコープをとおして見た視界。

# セルゲイ・イワノビッチ・モシン

　セルゲイ・モシンは1849年4月14日、ラモンという町で生まれた。父親は小作農で、数年間の従軍後、下級士官となった。息子のセルゲイ・モシンは、1867年にヴォロネジ軍学校を優秀な成績で卒業した。さらに1875年、セルゲイはサンクトペテルブルクのミハイロフスカヤ砲兵アカデミーを卒業し、金メダルを受賞している。大尉となったセルゲイはトゥーラ造兵廠に赴任し、1880年に主任技師となって、1883年には自身初の、弾倉使用のライフルを開発した。1891年4月16日、セルゲイが開発中のライフルが「モデル1891」として制式採用され、1900年のパリ万国博では賞をとった。1894年から、セルゲイはセストロレツク造兵廠長をつとめた。1902年2月8日、肺炎により52歳で死去、階級は大佐だった。セルゲイは生涯をロシアの火器開発にささげた。ロシア革命後、セルゲイが開発したライフルは広く認知され、1924年には、3ライン・ライフルが正式に「モシン・ライフル」と命名されることになった。1960年、軍備および国防における進歩に対して贈られる「モシン賞」が創設され、1999年以降、この賞は毎年授与されている。

モシン・ナガン以外にもライフルが開発されていた。とくにSVT-40は主要ライフルとしてソ連軍歩兵に支給されており、1941年6月までの製造数は100万丁を超えていた。しかし戦争がはじまると製造が簡単な点が不可欠な要素となり、またこのライフルの製造業者はウラル川の対岸に避難していたため、モシンが赤軍の主要ライフルとして残ったのである。

戦争勃発時の1941年は、3ライン・ライフルが誕生して50年の年だった。前線に向かった兵士の多くが支給されたライフルは、ロシア内戦で戦ったときに使用したのと同じ、有名な3ライン・ライフルだった。またこのライフルはオソアヴィアヒムの授業でも使用するため、若い世代もよく知っていた。モシン・ライフルは、1945年の終戦まで兵士たちに支給され、主要火器でありつづける。1941年から1945年までに、1200万丁ちかいモシン・ライフルが製造されている。単純な比較ではあるが、PPSh-41短機関銃は600万丁だ。このオートマティックの銃はシュパーギンが設計し、とくに50メートルから100メートル程度の近距離では効果を上げたものの、最大射程は200メートルしかなかった。発射速度の速さや、ドラム式弾倉に71発を収容可能といった能力はあったが、3ライン・ライフルと同等の威力と射撃性能をもつにはいたらなかった。

モシン・スナイパー・ライフルは1960年代まで使用され、その後はSVDドラグノフがこれに代わった。SVDドラグノフはセミオートマティックのライフルで、同じく7.62ミリ口径だ。モシン・ライフルは非常に長期にわたって使用された。北朝鮮では1990年代にも使用され、開発から100年たっても現役だったことになる。第1次世界大戦中のドイツ、ロシア内戦終結時のポーランド、白軍の亡命先のトルコなど、数か国がこのライフルを大量に鹵獲している。

上：モシン3ライン・ライフル、モデル1891/30を持つ女性狙撃手。写真奥の観測手は双眼鏡で戦果確認を行っている。

左ページ、右：セストロレツクにあるセルゲイ・イワノビッチ・モシンの記念碑。

左ページ、下：モシンの墓の銘板。「セルゲイ・イワノビッチ・モシン大佐。ロシアの弾倉付き3ライン・ライフル、モデル1891の開発者」と記されている。

# SVT-40ライフル

ソ連軍の射手が使ったライフルは、モシンM1891/30だけではなかった。これに次いで使用されたのが、SVT-40スナイパー・ライフルだ。SVT-38トカレフ・セミオートマティック・バトルライフル（サマザリャドナヤ・ヴィントーフカ・トカレヴァ）から派生したライフルである。

1930年代末になると、ソ連はモシン・ライフルが時代遅れになりつつあるのを認識しており、後継ライフルを探しはじめていた。その候補のひとつとなったのが、口径7.62ミリのセミオートマティック・ライフル、シモノフAVS-36であり、このライフルが制式採用され、

左ページ：スコープ付きSVT-40ライフルを持つ狙撃手のビニエフスカ。チェコ大隊所属。

下：スコープ付きSVT-40をかまえる狙撃手アクサコフ。優秀な射手は、モシンM1891/30のほかにもSVT-40のスナイパー・ライフルを使用した。

左：フョードル・トカレフ。SVT-38およびSVT-40の開発者

上：銃剣付きSVT-40を持ち軍務につく女性。

中：2009年発行のロシアの切手、「勝利の武器」シリーズの1枚。上はトカレフSVT-40セミオートマティック・ライフル、下はシモノフAVS-36。

下：製造工程は複雑だったものの、SVT-40スナイパー・ライフルは、モシンと比較すると弾道性能がおとった。

6万5800丁製造された。セミオートマティックでシングルショットの、非常に発射速度が速いライフルだった。このライフルの弾倉は着脱可能で15発入り、カートリッジはモシン・ライフルと同じものを使用した。しかしAVS-36は非常に製造工程が複雑で、また製造者にかなりの技量を必要とした。このためフョードル・トカレフが1938年にSVT-38を開発すると、これがシモノフにとって代わったのである。SVT-38は1938年7月に制式採用され、大量生産がはじまった。その後まもなく改良モデルが生まれ、SVT-40の生産がはじまった。

SVT-40はガス圧作動方式でセミオートマティックの射撃が可能であり、10発入り弾倉を使用した。発射速度は1分あたり20から25発。1940年代初期にしては非常に高機能のライフルであり、歩兵部隊の標準火器となった。各歩兵中隊は96丁のSVTセミオートマティック・ライフルと、27丁のモシン連発式ライフルを装備しておく必要があった。さらに、機関銃を装備した兵士がおり、将校はピストルを携帯した。SVT-40はSVT-38よりもやや軽く、またSVT-38のほうが全長はやや短い。

第2次世界大戦前には100万丁あまりのトカレフが製造され、西部戦線に配置される部隊に支給された。だが1942年には、この非常に高機能のライフルの製造数は200万丁を予定していたにもかかわらず、実際に製造されたのは26万4000丁と狙撃用ライフル1万4200丁でしかなかった。このように製造数が不足した理由は簡単だ。開戦当初、赤軍はかなり大量のライフルを製造する必要があったが、SVT-40はモシン・ライフルにくらべ製造工程が非常に複雑だったのだ。事実、SVT-40は143の部品からなり、そのうち22個はバネだった。さらに、最新の生産ラインには技術力の高い労働者が必要とされたため、モシンを製造するほうがずっと簡単だったのである。

## SVT-40スナイパー・ライフル

トカレフ・セミオートマティック・ライフルの狙撃手向けタイプは、1940年に制式採用された。モシン・ナガンM1891/30のスナイパー・ライフルに代わるものとして製造されたライフルだ。銃身は精巧に造られており、歩兵が使用するSVT-40に比べると発射性能が向上した。しかしいちばんの違いは、SVT-40向けに開

発されたPUスコープだ。このスコープはほかのモデルよりも軽量で270グラムしかなく、1300メートルの射程が可能になった。PUのマウントはライフル上部にとりつけ、スコープを装着しても、モシン・ライフルと同様にクリップを使用し上部から装填するさいのさまたげにはならなかった。1945年に製造が中止されるまで、4万9000丁ちかいスナイパー・ライフルが製造された。

右：SVT-40はその威力によって海軍歩兵による評価が非常に高かった。写真は、上陸前日の北海艦隊歩兵。

下：「オートマティック・ライフルの扱い方と手入れを学ぼう」と書かれたポスター。

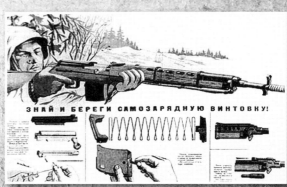

### SVT-40スナイパー・ライフル

全長：122.6センチ
銃身：62.5センチ
重量：3.85キロ
口径：7.62×54ミリ
初速：830メートル／秒
最大射程：1500メートル
発射速度：25-30発／分
弾倉：10発入り

第2次世界大戦で使用された主要ライフル。左から右へ、トカレフSVT-40、モシン・ナガンM1891/30、カラビナー98k。

# カラビナー98K
## 第2次世界大戦のドイツのスナイパー・ライフル

　ドイツ軍の射手が使用したライフルが、モデル98kモーゼル・スナイパー・ライフルだ。カラビナー（カービン）98k（「k」は「短い」を意味するドイツ語のkurz［クルツ］からとったもの）、別名Kar98kは、モーゼル武器製造社が開発したドイツの連射式火器だ。1935年から1938年にかけて、モーゼル製作株式会社が製造した。1935年にドイツ国防軍（ヴェーアマハト）が制式採用し、第2次世界大戦中に1500万丁あまりが生産された。このライフルの前身は第1次世界大戦で使用され

　上：モデル98kモーゼル・スナイパー・ライフル。ドイツ軍の射手が使用した。

　右：このライフルにはスコープの装着が可能で、これによって800メートルまで精密射撃が可能になった。

たモデル1898であり、Kar98kはモデル1898よりも全長が短く、軽いうえに扱いも簡単だった。口径7.92ミリのライフルで、5発入り弾倉を用いた。

またこのライフルにはスコープの装着が可能で、これにより800メートルまでの精密射撃が行えた。1939年にはドイツ国防軍が、モーゼルKar98kに4倍率ZF39

上：蛸壺壕にひそむ狙撃手と観測手。

下：戦闘の合間に銃と双眼鏡の手入れを行うドイツ軍狙撃手。

### カラビナー98k

口径：7.92×57ミリ
初速：860メートル／秒
全長：110センチ
銃身：59.94センチ
重量：3.92キロ
弾倉：5発入り。再装填はスピード・ストリップで行うか、手で1発ずつ装填する。
射程：500メートル
スコープ使用時射程：1000メートル

スコープ（ZFはzielfernrohr、照準眼鏡）を装着した独自のスナイパー・ライフルを制式採用し、13万2000丁が製造された。1941年には新型スコープの1.5倍ZF41が登場し、このスコープにはZF39とは異なるマウントを使用した。さらに1944年にも、新型の4倍率ZF4が開発された。

上：98kライフルをかまえるドイツ軍狙撃手。

中：ドイツ軍射手。東部戦線のとある村。

下：第2次世界大戦中、1500万丁あまりのモーゼル98kライフルが製造され、そのうち13万2000丁がスナイパー・ライフルだった。

## 女性狙撃手5
# ローザ・シャニーナ
「戦いが終わったら戻ります」

　大祖国戦争で有名な女性狙撃手といえば、まっさきにローザ・シャニーナの名があがるのはまちがいない。これにはいくつか理由がある。まずなんといっても、シャニーナはとても魅力的でやる気に満ち、注目を浴びる存在だった。新聞にも何度もとりあげられた。そのおかげで、いまもシャニーナの写真を何枚か確認できるし、シャニーナにはジャーナリストの友人もできた。当のジャーナリスト、ピョートル・モルチャノフは、戦時中、「敵を撃破せよ（Destroy the Enemy）」という名の新聞の編集長をつとめていた人物だ。シャニーナの物語が後世に残ったのにも、この新聞が大きな役割を果たしている。

　シャニーナは戦時中、日記を書きつづけていたが、これは軍においては厳禁事項であり、シャニーナは命令にそむいていたことになる。日記が敵の手にわたれば、個人的なことだろうと、そこに書かれていることはすべて利用可能な情報となるからだ。もっともシャニーナは、日記を自分以外の人が読むことなどまったく想定していなかった。この日記はシャニーナにとっていちばんの友であり、大きな声では言えないようなこと、それも部隊内の親友であるアレクサンドラとカレリアにでさえ打ち明けられないことを記せる場だった。終戦から20年後の1965年、ローザの日記はピョートル・モルチャノフによって公表され、大きな反響をよんだ。それは保育士だった若い女性が戦争に身を投じ、その名を知られた狙

左ページ：ローザ・シャニーナは能力の高い狙撃手であり、写真映えする若い女性でもあったため、現在も写真がいく枚か残り、その姿を見ることができる。ローザの写真の多くは、新聞の、それも大半は第一面に掲載されたものだった。ストレルチキの町で、1944年。

上：所属部隊の仲間といっしょに。中央がローザ・シャニーナ。

上：1945年元日のローザ・シャニーナ。「敵を撃破せよ」の発行所で新年を迎えた。これが生前の最後のポートレート写真となった。

左：1942年夏、高等職業学校を卒業直後の写真。この翌年、保育士として在職中に、戦時中にソ連国民の義務であった、フセヴォブーチの一般軍事訓練課程に参加した。

撃手となる物語だった。

　ローザ・イェゴロヴナ・シャニーナは1924年4月3日、ロシア北部のアルハンゲリスク州エドマで生まれた。4人の男子（ミハイル、フョードル、セルゲイ、マラト）とふたりの女子（ユリヤ、ローザ）という6人兄弟姉妹のひとりだ。両親は小作農で、3人の孤児もいっしょに育てていた。14歳でベレズニクの学校を卒業すると、両親の反対を押しきって、州都のアルハンゲリスクに出た。駅まで200キロも続くタイガの針葉樹林を歩きとおし、アルハンゲリスク行きの列車に乗ったのだ。ここでローザは高等職業学校に通い、保育士になる勉強をした。1938年、高等職業学校在学中に、ローザはコムソモール（VLKSM、共産党の青年組織）に参加した。当初、ローザは兄と住んでいたが、その後学生寮に引っ越している。アルハンゲリスクはローザにとって大事な場所であり、日記にもこの名は何度も出てくる。友人のアンナ・サムソノヴァは、ときどきローザが午前2時頃寮に帰ってきたことを覚えている。そうなると玄関には鍵がかかっていて入れないので、前もってつなぎあわせていたシーツをつたって、部屋まで壁をのぼるのだ。生活費が十分ではなかったため、ローザは17歳のときにアルハンゲリスクの第2保育園で保育士の職を見つけた。住む部屋も用意され、ローザは園児にも親たちにも人気があったようだ。

　開戦当初はだれも、ローザがこうした途方もない道を歩むことになるとは思ってもいなかった。しかしローザの家族は次々と戦争に動員されることになり、兄弟のうちふたりは志願して前線に向かった。そして1941年12月、ミハイル・シャニーナはレニングラード包囲戦で命を落とし、同じ年に、フョードルはクリミアの防衛戦で亡くなった。ローザはふたりの兄を失ったことに大きく心を動かされた。1942年の夏、ローザは高等職業学校を卒業し、翌年、保育士として働きながら、民間人向け一般軍事訓練課程のフセヴォブーチに参加した。これは、戦時中のソ連国民すべてに義務づけられていた訓練課程だった。

　この時期、軍では狙撃手の任務につく女性が増加していた。女性の根気強さやぬかりのなさが評価され、また女性がもつ細く敏感な指は、すぐれた射手の条件でもあった。さらに司令部の見るところ、緊張や寒さに耐える力も女性は強かった。前線に出ることを望んだローザは、中央女子狙撃訓練学校が創設されたことを知ると、

上：第3白ロシア戦線のシャニーナ2等軍曹とシュメレヴァ2等軍曹。1945年1月20日。

左：RKKA（赤軍）の狙撃手記章。

ここに入ろうとあらゆる手立てを講じた。そしてアルハンゲリスクのペルヴォマイスキー地区の徴兵司令所に出かけて入隊申請書に記入し、狙撃学校への入学を果たしたのである。

1943年8月、ローザ・シャニーナは、ポドルスクにある中央女子狙撃訓練学校で学びはじめ、ここで出会った同期のアレクサンドラ・イェキモヴァとカレリア・ペトロヴァは、ローザの親友になった。訓練は3月に終わり、1944年4月1日、ローザは前線に送られ、4月2日に上等兵として第184歩兵師団にくわわった。ここは、女性の狙撃班がおかれていた師団だ。4月5日には、ヴィテプスクの南西ではじめて銃撃を受ける経験もした。また、スモレンスク近くにあるコジー・ゴリーの町を確保するための戦闘で果敢に戦ったローザに対し、1944年4月18日には栄誉勲章3級が授与されている。指揮官であるデグティアレフの叙勲推薦書にはこう書かれていた。「4月6日から11日にかけて、敵による銃撃下においてシャニーナが射殺した敵兵は13人にのぼる」。その後5月5日には、狙撃数は17まで増えた。

1944年6月9日、ソ連第5軍の前線向け機関紙「敵を撃破せよ」は、ローザの写真を第一面に掲載し、次のような記事をのせた。「女性狙撃手ローザ・シャニーナが所属する連隊の兵士と将校で、その名を知らぬ者はいない。元保育士のローザは、アルハンゲリスクの教員養成学校で学んだのち非情なハンターとなり、ヒトラー率いる占領軍の兵士たちに恐れられている。女性狙撃手第1世代のひとりであるローザ・シャニーナは、兵士最高の名誉である栄誉勲章を授与された」

左上：ローザは背も高く、赤毛で青い目の非常に魅力的な女性だった。強い北部なまりもあった。あまり口数が多いほうではなかったが、怒るとはっきりとものを言った。

右上：栄誉勲章3級を胸につけたローザ・シャニーナ。1944年6月、クリンキのソフホーズ（国営農場）で撮影した写真。

　ローザはその勇敢さで、連隊内では名を知られる存在だった。また背も高く、赤毛で青い目の魅力的な女性だった。強い北部なまりがあって、あまり口数が多いほうではなかったが、怒るとはっきりとものを言った。「敵を撃破せよ」の編集長だったピョートル・モルチャノフがローザと出会ったのは、記事の取材中だった。ふたりは同じ地方の出身であることを知り、すぐに意気投合した。モルチャノフはローザの親友ともいえる存在となり、ローザは手紙でさまざまなことを書いている。戦時中はずっと連絡をとりつづけ、定期的に会ってもいた。そして1944年6月22日、バグラチオン作戦がはじまり、ソ連はドイツ軍の防衛線を破って迅速に進軍した。
　ローザが所属する独立した狙撃班は、赤軍の進軍のさまたげとならないように、前線後方に配置された。これは2か月続いた激しい攻撃のあとの休息の意味もあった。そして狙撃班は、歩兵部隊の攻撃のあいだは戦闘に参加しないようにという正式命令を受けとった。こうした戦闘では狙撃手の活躍の場はないからだ。ローザは落胆した。師団の指揮官のところへ行って、破竹の勢いで

進軍する歩兵大隊か、偵察中隊のどちらかの射手として配置してもらうよう直訴した。しかし指揮官の将校は頑として聞き入れなかった。「これからも十分戦う場はあるはずだ」という指揮官の言葉にもくじけず、ローザは訴えた。「同志、将軍閣下。陸軍大将にお話しする許可をください」。指揮官は面くらったものの、その許可をあたえてくれた。翌日、ローザは陸軍上級参謀クリロフ将軍に面会に行った。ローザは自分のおかれた状況を手早く説明し、願いが聞き入れてもらえることに大きな期待をよせた。しかし、それは却下されてしまった。
　とはいえ、ローザの班はあちこちで戦闘に参加した。赤軍が敵の用意周到な防御に足止めされるようなときは、部隊から狙撃手に支援の要請がある。7月8日から13日にかけて、ローザ・シャニーナは所属部隊とともにヴィリニュスでの戦闘に参加し、敵射手を排除するた

めの対狙撃任務を担った。ドイツ軍射手は罠をはって（ダミー人形その他の策略を用いた）ソ連軍射手の注意を引いて撃たせ、陣地の場所をつきとめるという手を使っていた。だがドイツ軍の攻撃が下火になるとすぐに、ローザの班は上級参謀将校のもとに戻されてしまった。

（87ページに続く）

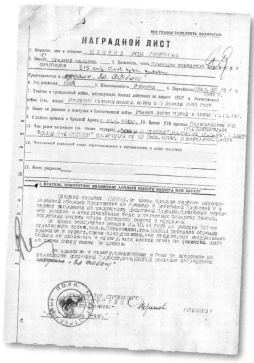

上：狙撃手がもっとも恐れるのは敵の迫撃砲だ。狙撃手を狩り出すために、ドイツ軍は戦場のいたるところに砲撃を行った。

右：ローザ・シャニーナの叙勲推薦書。第107歩兵連隊指揮官、リャザノフ中佐の署名入り。日付は1944年12月20日。

ローザ・シャニーナ。胸に栄誉勲章2級と3級が見える。

# ローザの私的な手紙や日記より

次に掲載するのは、1944年7月29日にローザがモルチャノフに書いた手紙からの抜粋
「お願いですから、わたしを助けてください。（前線に出たいという）わたしの訴えを、どなたかに伝えてください。わたしたちは前線ではなく後方におかれています。つい最近、わたしたちの部隊では黒が4名、赤、それも濃い赤が1名出ました（軍事機密を守るため、ローザは符牒を使っている。黒は死者、赤は負傷者の意味）。お忙しいことはわかっていますが、ツテがある方ならどなたでもいいので、よろしくお願いします」

### 8月8日付、モルチャノフ宛ての手紙

「先日、わたしは自分の部隊からAWOL（無断離隊）してしまいました。中隊が渡河中に、たまたまはぐれてしまったのです。けれどわたしは隊を探そうともしませんでした。後方支援を離れて前線へと向かうからといって、犯罪にはならないと聞いていましたし。それに、中隊が攻撃に向かう予定はなく、後方にとどまることはわかっていますから。わたしは前線にいなくてはならない、自分の目にほんとうの戦争を焼きつけるんだ。そういう覚悟でした。それにとにかく、中隊を探し出すことなどむりです。森のなかも湿地もドイツ兵だらけなのに、ひとりでうろうろするのは危険です。わたしは前線へと向かっていた大隊についていき、その日、戦闘にくわわりました。わたしのすぐそばで、兵士がばたばたと倒れました。わたしは銃を撃って敵兵をしとめ、それからとても頑丈な敵兵を3人捕虜にしました。無断離隊で叱責は受けましたし、それがわたしのコムソモールの記録に残るとしても、それでもわたしは戦えて満足です」

### 1944年8月12日の日記より抜粋

「少佐は、わたしが少佐の大隊についていくのを許そうとはしなかった。少佐はこう言った。『後方に戻れ』。でもどっちへ行けばいいのかわからなかった。夜が明けようとしていて、遠くに歩哨が見えた。敵か、味方か？草のなかを這って近よった。味方だ。戦闘で疲れている。立ったまま眠っていた歩哨を驚かせてしまった。彼はわたしに、君はだれだ、なにをしたいのかとたずねてきた。そして少し休めと言ってくれた。彼もわたしも丸くなって、すぐに眠りに落ちた。しばらくするとその隊の兵士たちがわたしを起こし、敵の反撃を待っているところなのだと教えてくれた。最初はなにも起こらなかった…。しばらくすると、100メートルほど向こうの丘から、ドイツ軍の戦車が何両か歩兵部隊を乗せて下ってきた。味方の砲兵が攻撃した。わたしは歩兵を狙って撃った。戦車が1両こちらの攻撃を突破したけれど、そこには敵歩兵の姿は見えなかった。わたしのすぐそば、ほんの数メートル先で、中尉と兵士が戦車のキャタピラにひかれてしまった。ライフルがうまく撃てない。弾がつまっている。すぐに塹壕に降りて弾づまりを直し、射撃に戻った。戦車は目の前、10メートルほどのところにいる。わたしはベルトの、手榴弾があるはずのところに手をやった。ない。草むらを這っているときになくしたんだ。塹壕のなかにすべり降りて、戦車をやりすごした。戦車はわが軍の対戦車砲とはちあわせして方向転換した。結局、8両の戦車をやっつけた。そのほかは全部戻っていってしまった。戦闘が終わると、あたりの光景にぞっとした。死傷者だらけだ。

少し休憩して、どこか後方に女子部隊の仲間がいないか探しに向かった。道に出て見まわすと、谷間の道端にドイツ兵を見つけた。わたしはドイツ語で声を上げた。『手をあげろ！』。すると腕が6本あがった。3人いたのだ。ひとりがなにかしゃべりはじめたけれど、なにを言っているのかわからない。だからロシア語で『こちらに急げ』とだけ叫ぶと、ライフルの先をふって、こっちに来いとよびよせた。そしてドイツ兵の武器をひったくって、最寄りの村まで連行した。ひとりがわたしに聞いた。『だいじょうぶか？ 殺されるのか？』。わたしは『だいじょうぶだ』と答え、3人をつれていった。わたしの手にはライフル、ベルトにはナイフ。まるでほんとうの戦士だ。わたしは捕虜を、しかるべき人たちに引き渡した」

### 1944年8月末、モルチャノフ宛ての手紙

「ありがたいことに、ようやく戦えるようになりました。前線に出たのです。わたしの戦果は増えています。わたしがいちばん多くて48人、イェキモヴァは28人、ニコラエヴァは24人、ドイツ兵をしとめています」
1944年9月には、カナダの新聞がローザについての記事をのせた。ある日のローザの狙撃任務を追い、5人のドイツ兵を射殺したと書いている。9月16日、ローザは栄誉勲章2級を授与された。その翌日の「敵を撃破せよ」には、「シャニーナが戦果を51に伸ばした」という記事がみられる。当時、ローザは2等軍曹になっていた。この後まもなく休暇をとって、3日間アルハンゲリスクに帰郷した。

### 10月10日の日記

「フョードル兄さんの夢を見た。気持ちがふさぐ。わたしは20歳。でも親しいつきあいの人はいない。なぜ？ 男の人はたくさんいるけど、でも

上：友人のベイナ・ヤキモヴァとリディア・ヴォロディナといっしょのローザ。

左：ローザが日記をつけていたノート。ローザの死後、ピョートル・モルチャノフが保管した。

下：狙撃手のシャニーナとポリゴロヴァと語りあうゴロドヴィコフ大佐。

みんな、だれにも心を許していない」

### そのわずか1週間後の日記

「前線に戻る覚悟はできている。前線になにかがいて、わたしのことを引きよせているような感じ。どう言えばいいんだろう…。前線に恋人がいるんだと思ってる人もいるかもしれない。でもそんな相手はいない。戦いたいだけ！ ほんとうの戦争を見たいだけ。すぐ出発するつもり。前線に『移動する』以上のことはない。わたしの班は予備隊になっている。だれもわたしたちを見張っていない。それに、みんな、わたしが負傷して病院にいると思っている」

### 10月18日の日記

「攻撃に参加。やっとのことで国境を越えた。ドイツに入って進軍中。捕虜に死者、負傷者だらけ。塹壕を攻撃してさらに27人の捕虜を確保。そのうち14人が将校だった。彼らは激しく抵抗した。わたしは自分の班に『戻る』予定だ。今日、カザリャン将軍に見つかってしまった。そのあと政治将校のところに行って前線に送ってくださいと頼んだ。だめだと言われたとき、泣いてしまった」

### 10月21日付、モルチャノフ宛ての手紙

「またグチです。偵察の任務につけませんでした。絶対だめだと言われました。とはいってもわたしはとにかく、偵察隊としじゅういっしょにいます。偵察隊の指揮官はわたしを後方に追い返しません。うれしいです。『前線』へ向かえという命令をもらって、やる気満々です」

ローザ・シャニーナの前線への「離隊」を、司令部は把握していた。ローザは離隊で何度も処罰を受けている。それが、ローザが特別な存在となっ

た一因でもあるのだが。政治将校は、部隊の士気や、規則が順守されているか、部隊のリーダーに指揮能力があるのか、つねに目を配っていた。

### 10月末の日記
「友だちがいるってなんて素敵なこと。アレクサンドラ・イェキモヴァ。あなたは、悲しいときでもなにかしら楽しいことを見つけてくれる。あなたになら、なんでも打ち明けられる。
ピルカレン近くの村に向かっていたとき、わたしは『正式に』戦った。今回は許可してくれたから。わたしたちは街を占領した。敵の激しい攻撃を押しもどすとき、わたしはとてもうまく撃てたと思う。至近距離でたくさん撃った。わたしたちは斜面の奥、森の端に沿うように広がって配置についた。ドイツ兵たちが斜面をのぼってくると、まずヘルメットだけが目に入る。敵まで200メートル。わたしは撃った。100メートルのところでドイツ兵たちは立ち上がって攻撃してきた。敵が20メートルに迫るまでねばってから、わたしたちは撤退した。すぐとなりでアシエフ大尉が倒れた。大尉はソ連邦英雄だったのに。夜、疲れ果てて連隊の指揮所に行って、その日はじめての食事をとった。死んだように眠った。でも突然、銃撃音で目が覚めた。ドイツ軍が指揮所をめざしている。砲兵がまっさきに敵を見つけて押しもどしてくれた」

### 11月1日付、モルチャノフ宛ての手紙から抜粋
「3日前、部隊の同志を葬りました。アレクサンドラ・コレネヴァです。ヴァレンティナ・ラゾレンコとジナイダ・シメリョヴァは負傷しました。あなたもこの人たちのことは覚えていらっしゃるでしょう」
そして2日後に書いた2枚目の手紙には、こうある。
「疲れ果てて前線を離れました。この戦争のことはずっと忘れないつもりです。この町は4度もソ連とドイツのあいだを行ったり来たりしました。わたしも3度ほど、捕虜になりかけました。敵の領土で戦うのはほんとうにむずかしい仕事なのです」

### 11月7日の日記
「前線にいるときに、モスクワから報道カメラマンが来ていることを知った。将軍がわたしのためによこしたのだけど、肝心のわたしはそこにいなかった。今日、将軍に会ったとき、大目玉をくらってしまった。アルハンゲリスクから手紙が届いた。友人たちは新聞にのったわたしの写真を見て、とても誇らしかったと書いてきた」

### 11月20日の日記
「砲兵にカチューシャ砲隊、偵察隊、それに第12砲兵隊や戦車の搭乗員たちからパーティーに招待されている。みんな、わたしのことも、いっしょに歌って笑ったことも覚えていてくれた、驚きだ。『ドイツ軍はシッポを巻いて逃げていく、あいつらは制服をつくろい中…』って歌ったっけ。みんな新聞でわたしの写真を見たと書いてくるけれど、当のわたしはまだ見ていない」

### 12月初旬の日記
「自分の人生について、正義について、それから仲間の女の子たちについて考えている。ときどき、どうして男に生まれてこなかったんだろうと思う。だれもわたしになんか注意をはらわない。だれもわたしのことなんか頭にない。男だったら、思うぞんぶん戦えたのに。どうして？ 戦場に立てば、怖いものなんかなにもない。頭のすぐ上を戦車が通っても怖くはなかったし、そこにじっとひかえていたのに。それから、アレクサンドラとカレリアがそばにいる生活がわたしにとってはあたりまえのことになっている。ふたりがいないと退屈してしまう。ふたりのことはとても尊敬し

「アルハンゲリスクから手紙が届いた。友人たちは新聞にのったわたしの写真を見て、誇らしいと書いてきた」

ている。ほかの女の子たちよりもずっと。友人に恵まれると、人生も豊かになる。わたしたち3人は育った家庭環境が全然違う。性格もそれぞれ。けれどもわたしたちには共通するものがある。とても強い友情だ。カレリアはとてもいい人。勇気があって、利己的ではないし、それはいちばんの美点だと思う。アレクサンドラはしっかり者。なんについても自分の意見をもっているし、記憶力が抜群。アレクサンドラ、カレリア、わたし。戦いがあればとんで行く。ふたりがいない生活なんて考えられない。戦争が終わって3人がバラバラになったらどうなるの？ それからエヴァ・ノヴィコヴァとマーシャ・トマロヴァも好きだ。エヴァは少しせっかちだけど、でもすばらしい女の子。きちょうめんでひかえめで、知恵がある。マーシャには退屈しない。落ちこんだときでさえ歌を歌っている」
1944年12月12日、ローザ・シャニーナはドイツ軍狙撃手に右肩を撃たれた。ローザは「小さな穴がふたつあいた」と書いているが、それでも外科的処置が必要で、治療に数日かかった。

### 負傷翌日、ローザはペンをとっている
「おととい、軍の狙撃手の会議があった。そこではわたしの話が出て、よくやっていると言われた。昨日、肩を撃たれた。その前の晩、ケガする夢を見ていた。肩をだ。昨日、射撃陣地にいるとき、その夢を思い出した。その直後、わたしは飛び上がった。ドイツ兵が撃った銃弾が、夢で見たのと同じところにあたっていた。痛みは感じなかった。肩に温かいものがじんわりと広がっていっただけだ。手術を受けているあいだのほうが痛かっ

た。小さな穴がふたつあいているだけで危険なケガではなさそうなのに、メスを入れられて、治るのに1か月はかかるみたいだ。しばらく働けない。節々に痛みが走る。何があろうと、すぐにでも走っていくつもりなのに…」

### 12月17日付、モルチャノフ宛ての手紙

「ケガの治療中ですが、まだ治りそうにありません。わたしは軍の病後療養所に送られる予定です。そこにいればよくはなるのでしょうが、でも、どうなのでしょう。病院に行かせてもらったほうが治りは早いのでしょうか？ 入院すれば、わたしは大隊に送られて、狙撃班には戻れなくなるかもしれません。狙撃班を離れたくなんかありません。体調がよくないのでおとなしくしていますし、そのときどきで意見の違いはあっても、まわりのみんなとももうまくやっています。でも前線ではないこの場所は、穏やかすぎます。やりがいのある仕事をしたい。ほんとうに、心底そう思うのです。どう言ったらわかってもらえるでしょうか」

### 12月27日の日記

「昨日、若い男性兵がわたしのところに来てこう言った。『キスさせてください。もう4年も女の子にキスしていないんです』。その言葉には実感がこもっていて、ほだされてしまった。それに、正直に書くと、その人はとても素敵だった。悪くはないというか、かなりいい気分だった。それで、『わかりました、いいですよ。でも1回だけですよ』と言ったのだけど、なんだか急にかわいそうになってきて、涙が出そうになってしまった」

1944年12月、ローザは狙撃班のリーダー代理となっており、勇敢記章の授与も推薦されていた。

「2等軍曹シャニーナ、東プロイセン国境および東プロイセン領土内において、敵の厚い防御に対する攻撃中、前線での歩兵部隊の戦闘に積極的にくわわり、ドイツ軍兵士および将校を射殺した。

1944年10月26日、ドイツ軍の反撃中、ピルカレン付近、第707歩兵連隊の戦域において、同志シャニーナは英雄的かつ勇敢な行為を見せた。女性兵のシャニーナがドイツ兵たちを狙い撃ちし、その活躍に励まされ、兵士たちは反撃に耐え勇敢さを発揮した。シャニーナによるドイツ兵（フリッツ）狙撃の戦果は現在59である。

東プロイセン領土に入るさいの戦闘において見せた英雄的行為と勇敢さによって、同志シャニーナは勇敢記章授与に値する。

1944年12月27日、第707歩兵連隊指揮官、リャザノフ中佐」

シャニーナは勇敢記章を受章した初の女性となった。

### 1945年1月8日、日記の走り書き

「しばらく日記をつけていない。紙がなかった。傷が治ってから政治委員のところへ行って、前線へ行かせてくださいと頼みこんだ。それから指揮官のところへも行った。簡単にはいかなかったけれど、どうにか次の攻撃に行かせてもらうことになってほっとした。それから、敵の反撃を押しもどしたことで、勇敢記章をもらった」

1月13日、東プロイセン攻勢がはじまり、第1白ロシア戦線でもっとも困難な戦いとなった。同日、ローザは日記にこう書いた。

「一睡もしなかった。気分が悪く、体調がよくない。ドイツの砲撃はすごい。今日、9:00から11:30まで味方の準備砲撃。出だしはカチュー

上：「ときどき、どうして男に生まれてこなかったんだろうと思う。わたしになんかだれも注意をはらわないし、だれもわたしのことなど頭にない。男だったら、思うぞんぶん戦えたのに」

左：栄誉勲章2級と3級を胸につけたローザ・シャニーナ。

シャ（ロケット砲）から。ああ、やっと敵に撃ちこんだんだ！　戦況ははっきりしない。退避所を造りおえたら、すぐに移動して攻撃待機の予定。前進、つねに前進あるのみ」

### 1月14日の日記

「うしろにはベラルーシとリトアニア。ここはプロイセン。左翼方面にずいぶんと前進した。でもわたしたちの隊は待機中。午前中は砲撃が続いた。わたしたちの班だけを残して、みんな前線に行ってしまった。貨車がたりない。だから夕食も朝食もぬき」

翌日、ローザは前線へ行くことを認められた。ソ連軍歩兵はドイツ軍による迫撃砲の接地射撃にさらされていた。ローザはこう書いている。

「エイドクネンの師団後方に到着した。朝、白いカムフラージュ服を着て、みんなにキスしてから出発した。1時間もすれば前線だ」

1945年1月、みずから申請し、ローザは第144歩兵師団第205自動車化特殊狙撃大隊に異動になった。

「自動車化歩兵に配置された。車両に乗りこんだのは攻撃に向けて出発するためなのだけれど、そのあと連隊にくわわってから、前線に行く許可が出たのだと知った。わたしの希望をとりあげてくれたのだ。でもここまでくるのは簡単ではなかった。狙撃手でなかったらむりだったはず。風がとても強い。ブリザードが止まない。湿った土がぬかるみに変わって、わたしの真っ白なカムフラージュ服は、ここでは目立ってしまう。連隊のみんなは、もとの班に戻ったほうがいいと言った。でも心の声は叫びつづけている。『前進あるのみ！　前進あるのみ！』わたしはそれに従う、何があろうとも」

ローザ・シャニーナは、当時の最高の狙撃手のひとりとして報道されている。連合国の新聞はローザについて詳細に書き、とくにアメリカの新聞はローザをよくとりあげた。ローザはこうした人気もどこ吹く風で、話に尾ひ

れがついてるのよ、と言っていた。ローザ・シャニーナはこう発言している。「わたしにとって幸せとは、ほかの人たちのために戦うことです。人それぞれの『幸福』があっていいはずですよね…。みんなの幸せのために命を投げ出さなければならないのなら、その覚悟はできています」

### 1月17日の日記

「歩兵といっしょに攻撃を続けた。数キロ前進。『バイオリニスト』（ドイツ軍の6発装填の迫撃砲のニックネーム）の砲撃に耐えた。わたしのすぐ右手で、男性兵たちがこっぱみじんになった。わたしは銃を撃ちながら包帯も巻かないといけなかった。部隊はドイツ兵がこもる家を襲撃した。攻撃中に、わたしはふたりのナチを殺害した。ひとりはその家のすぐ近くにいて、もうひとりは戦車から頭を出したときに撃った」

上：ローザ・シャニーナ。指揮官のA・バライェフとともに。

右：RKKA狙撃手記章をつけたローザ・シャニーナ。

## フセヴォブーチ
### （民間人向け一般軍事訓練課程）

　フセヴォブーチは基礎軍事訓練の課程であり、ソ連国民に義務づけられていたものだ。この訓練は1918年にはじまり、1923年に廃止され、その後1941年9月17日に再開されている。16歳から50歳までの民間人は全員、110時間の訓練プログラムを義務づけられ、モシン・モデル1891のライフルの扱いと射撃方法や、砲撃手順、塹壕の造り方、また応急手当の訓練などを受けた。1941年から1945年までのあいだに、およそ986万2000人のソ連国民がここで訓練を受けている。

上：フセヴォブーチで銃の撃ち方を訓練する若い女性たち。

中：「コムソモールのメンバーよ、ソヴィエト連邦の守備にそなえよ。射撃法を学べ」

下：フセヴォブーチがあるおかげで、16歳から50歳までの志願兵はみな、基礎的軍事訓練をすませていた。

#### 同日1月17日付、モルチャノフ宛ての最後の手紙

「しばらくごぶさたしてしまいました。時間がなかったのです。前線で戦いつづけています。戦うのは大変ですが、ちょっとした奇跡に助けられて、ぶじで元気でいます。わたしは前線で銃を撃ちまくりました。あなたの助言を聞き入れずに申し訳ありません。うまく言えないのですが、前線になにかわたしをひっぱりこむ力があるような感じなのです。退避所に戻ってすぐ、疲れてはいましたが、この手紙を書きはじめています。1日で3回攻撃を行いました。ドイツ軍の抵抗はますます激しくなっています。とくにこの古い荘園付近ではそうです。爆弾や砲弾がまだあたりに飛びかっています。ドイツ軍はまだわたしたちを足止めするだけの火力をもっているのです。でも、今朝はこれで終わるようドイツ軍を抑えこみます。家でも戦車でも、少しでもドイツ兵が見えたら撃っています。わたしもじきに命を落とすと思います。そうなったら母に手紙を書いてくださいませんか。おまかせしますので、死ぬ覚悟だったことを、うまく伝えていただけますか。今いる大隊では、78人のうち生き残っているのはたったの6人です。わたしは聖人でもありませんからね。以上、同志モルチャノフ、お身体をお大事に。
　ローザ」

上：ローザ・シャニーナ、アレクサンドラ・イェキモヴァ、リダ・ヴドヴィナ。

右：白いカムフラージュ服を着た狙撃手たち。

#### 1月24日、ローザが生前に書いた最後の日記

「しばらく日記をつけていない。書くひまがない。激しい戦闘が続いて2日はたつ。ヒトラーの兵士たちは塹壕にいて、防御を固めている。激しい砲撃があるので、装甲車で移動しなければならない。撃つチャンスはあまりない。装甲車のハッチから出られない。装甲の上に出て、塹壕から出て走る敵を撃てたのは2、3回だけ。1月22日の夜、ドイツ兵たちを荘園から追い出した。わたしたちの戦車は対戦車壕をのりこえた。勢いあまって進みすぎ、位置がわからなくなったくらい。味方がまちがってカチューシャで攻撃してきた。ドイツ軍がカチューシャを怖がる理由がよくわかった。なんて威力！　そのあともわたしたちは攻撃を続けて、夜に、味方師団の偵察兵のグループと出くわした。偵察についてくるか、と聞かれたので、いっしょに出かけた。敵を14人捕虜にした。
　いま、かなり迅速に進軍中だ。ヒトラーの兵士たちは、逃げて戻ってこない。こちらには車両がある！　それに全軍が進軍中だ。言うことなしの状況。ぶじ鉄橋も越えた。いい道だ。鉄橋近くで、木が伐り倒されたままになっていた。ドイツ軍は有刺鉄線を張る余裕もなかったようだ…」

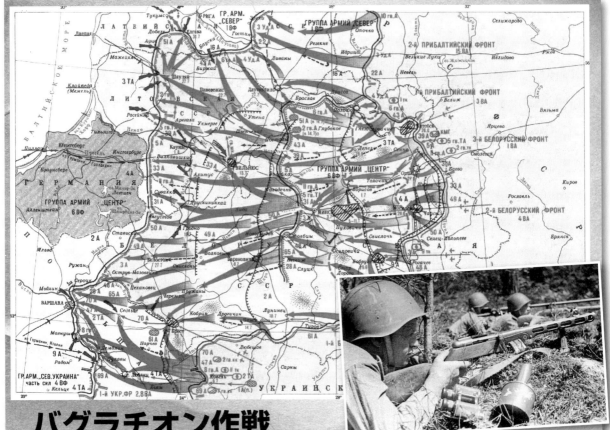

## バグラチオン作戦

　バグラチオン作戦、別名ベラルーシ攻略戦は、1944年夏にソ連軍が開始した大規模攻撃だ。この作戦は、ロシアの英雄、ピョートル・バグラチオン将軍にちなんで命名された。バグラチオン将軍は、1812年、フランスのロシア侵攻を迎え撃ったロシア第2軍の司令官であり、ボロディノの戦いで重傷を負い、1812年9月12日に亡くなった。

　バグラチオン作戦は、ドイツ軍がソ連侵攻を開始してほぼ3年後の1944年6月22日にはじまった。ソ連軍はおよそ3万6000門の砲、5000両の戦車と5000機の航空機をこの作戦に投入した。作戦は67日続き、1944年8月29日の作戦終結時には、ベラルーシの大半とバルト海諸国およびポーランド東部が解放された。前線は600キロ西へ移動し、ドイツの中央軍集団は壊滅も同然の状態となった。

　このきわめておおがかりな軍事作戦は、敵陣地にかんする高度で詳細な情報収集によって進められた。ドイツ軍の防御態勢を可能なかぎり把握するため、80人ちかいドイツ兵を捕虜にしている。同時に、ソヴィエト軍司令本部は、ドイツ軍司令本部に対して作戦を秘匿しおおせたのだ。

　バグラチオン作戦は第2次世界大戦中もっとも重要な戦いのひとつだった。この作戦名は、1812年にフランスがロシアを侵攻したさいに迎え撃ったロシアの英雄、ピョートル・バグラチオン将軍にちなんだものだ。この作戦中、ドイツ軍はベレジナ川の対岸まで押しもどされた。

　7月中にドイツ第4軍はベラルーシを流れるベレジナ川の西まで後退した。ここは、ソ連軍が主力をおく、象徴的前線だった。7月3日、ベラルーシの首都であるミンスクが解放され、ミンスク西部を包囲されたドイツ軍は、3万5000人の兵士が捕虜となった。ソ連軍は、ドイツ軍の補強をものともせずに攻撃を続行し、7月28日、ブレスト・リトフスク要塞を解放した。この要塞は、1941年の開戦時にドイツ軍が攻撃を行った地のひとつだった。

　バグラチオン作戦は、ソ連軍司令本部の想定のはるか上をいくほどの成功をおさめた。これによりドイツ北方軍集団をも脅威にさらすほどの軍事上の勝利だった。さらにこの作戦でドイツ予備軍は消耗し、ほかの前線の防御にさく兵力がかぎられる状況におちいった。この結果ドイツ軍は、イタリアにいたヘルマン・ゲーリング師団を、防衛力補強のために東部戦線によびもどさざるをえなくなったのである。

（77ページより続く）

1945年1月27日、ローザは東プロイセンの南東3キロ、ライヒャウ付近にあるイルムスドルフの町で重傷を負った。ローザの確定戦果は75となっており、そのうち12人が狙撃手だった。負傷した砲兵将校を守ろうとして胸に重傷を負ったローザはイルムスドルフ付近の村にある病院に運ばれたが、そこで1月27日のうちに息を引きとった。「敵を撃破せよ」編集長で、ローザの親友でもあるピョートル・モルチャノフが病院に到着したのは、ローザの死の直後だった。モルチャノフはノート3冊からなるローザの日記を回収した。

ローザ・シャニーナは栄誉勲章2級と3級を授与された。ローザは女性狙撃手として、また第3白ロシア戦線の兵士としてはじめて、2個の栄誉勲章を受章したのである。ローザは、夜間に、動く標的を狙って射撃する能力が高いことでも有名だった。ローザには4人の兄弟がいたが、そのうち3人が戦争で命を落としている。レニングラード包囲戦のなか、1941年12月にはミハイルが、クリミアの防衛ではフョードルが亡くなり、その後セルゲイも戦死した。前線に向かったシャニーナ家の5人の子どもたちのうち、生還したのはマラトだけだった。またローザにはアレクサンドラ・イェキモヴァとカレリア・ペトロヴァという友人がいたが、アレクサンドラも亡くなっている。

ピョートル・モルチャノフはローザのノートを20年間キエフで保管した。そして1965年に文芸誌ユノスト（青年）で日記の抜粋が発表され、その後日記はアルハンゲリスクの州立博物館にわたり、多くの人がローザの物語にひきつけられることになった。ローザの私的な日記が発表されると世間の注目を浴び、「コムソモール北」新聞は、戦時中の話を集めようと、ローザが当時所属した連隊の同志によびかけを行った。アルハンゲリスクやシャンガルィ、トロエフスコエの町にはローザの名がついた通りがあり、エドマの町にあるローザの生家は、現在は博物館になっている。また1931年から1935年までローザが学んだ学校では、ローザの栄誉をたたえる銘板が掲げられている。アルハンゲリスクでは毎年伝統の射撃コンテストが開催され、DOSAAF（旧オソアヴィアヒム）の射手が腕を競い、優勝者は「ローザ・シャニーナ」賞を贈られる。

ローザ・イェゴロヴナ・シャニーナのごく質素な墓。「1924年4月3日―1945年1月27日」と記されている。

左は狙撃手のイェカテリーナ・ゴロヴァハ（19歳）。右は、栄誉勲章3級を胸につけた2等軍曹ニーナ・コヴァレンコ（18歳）。

# 栄誉勲章

　栄誉勲章は1943年11月8日に創設されたソヴィエト軍の勲章だ。この勲章は赤軍の下士官および女性兵士と、空軍少尉に授与された。また、連隊や部隊ではなく、個人にあたえられた勲章である。

　栄誉勲章には3つの級がある。3級は銀、2級も銀だが中央部のみ金めっき、1級はすべて金の、星型のメダルだ。男女とも同一の兵士が異なる級の栄誉勲章をもらうことができたが、3級、2級、1級という順序でなければならなかった。この勲章は兵士にとって非常な名誉だった。ロシア革命以前の聖ゲオルギー十字章に匹敵するものだったからだ。栄誉勲章3級は4年間で100万人ちかい兵士に、2級は4万6000人あまり、1級は2672人に授与されている。

　大祖国戦争中、兵士たちが軍事上の功績をあげることは多数あったが、それは部隊として行われることもあれば、個人の働きのこと

もあった。叙勲の判定を円滑に行えるよう、栄誉勲章授与基準のリストが作成されており、そのいくつかをここに列挙する。
- 敵から部隊旗を死守する。
- 個人で敵将校を捕虜とする。
- 戦闘において、敵戦車を複数破壊する。
- 対空砲を使用し、3機以上の敵機を撃墜する。
- 個人兵器を使用し、10人から50人の敵兵士や将校を射殺する。
- 果敢に動き先陣をきって敵塹壕に入り、断固たる行動でなかの敵を排除する。
- 炎上する戦車に残って任務を遂行する。
- 夜襲にくわわり敵の備蓄資材を破壊する。
- 砲や迫撃砲による攻撃で敵作戦基地を破壊し、部隊の勝利を確実にする。
- 数度の戦闘において、敵による砲撃や銃撃下、みずからの命を危

険にさらして負傷した同志を救出する。
- 戦闘機パイロットが空中戦において、敵戦闘機2ないし4機、爆撃機3ないし6機を破壊する。
- 戦闘機パイロットが対地攻撃を行い、戦車2ないし5両、または列車3ないし6両、あるいは駐機中の敵機2機を破壊する。

栄誉勲章を1級から3級まですべて授与された2672名のうち、次にあげる4名が女性だった。
- ダヌーテ・スタニリエネ（1922-94）、リトアニア出身、第16リトアニア狙撃師団第167歩兵連隊砲手。スタニリエネは女性ではじめて、栄誉勲章を1級から3級まで全級授与された。
- マトリョーナ・ネチェポルチュコヴァ（1924－。スタヴロポリ在住）、ウクライナ出身、第100親衛歩兵連隊医療大隊看護師。
- ナデジャ・ユルキナ（1920-2002）、第99空挺偵察大隊砲手。
- ニーナ・ペトロヴァ（1893-1945）、第86タラトゥスカヤ歩兵師団第284狙撃連隊第1狙撃大隊狙撃手。

左上：左から右へ、栄誉勲章1級、2級、3級。

右上：第2バルト戦線の狙撃手リュボヴ・マカロヴァ。胸に栄誉勲章2級と3級が見える。1944年。

右：聖ゲオルギー十字章

女性狙撃手6
# イェヴドキヤ・クラスノボロヴァ

上：ローザ・シャニーナとイェヴドキヤ・クラスノボロヴァは仲のよい友人だった。

下：赤星勲章。

「敵を撃破せよ」編集長のピョートル・モルチャノフは、回想録にこう書いている。「イェヴドキヤはニックネームをドゥシアといい、女性狙撃手のコムソモールを運営していた。また責任ある仕事をこなすかたわら、わたしが編集長をつとめる『敵を撃破せよ』の編集室にも顔を出していた。狙撃手関連のニュースをもってきてくれるのだ。わたしたちジャーナリストにとって、女性狙撃手は重要なテーマだった。イェヴドキヤは記事にでき

る情報を大量にもちこみ、おもしろいジョークをたくさん話してくれた。こんなジョークもあった。

ドイツ兵（フリッツ）：ハンス、ずっと森のはずれを気にしてるけど、どうしたんだ？
ハンス：あそこに、俺のことをじっと見ている子がいるんだ。かわいい小さなロシア人の女の子だ。
ドイツ兵（フリッツ）：だったらおまえ、なぜ隠れてるんだ？
ハンス：あの子、スコープ越しに見つめてるんだよ」

「狙撃班の女性は、前線で、機関銃で防御を固めた敵陣地に足止めされている部隊の応援や、その地域の敵狙撃手排除に要請されることが多かった。政治局の1944年5月30日付けの通達には、4月と5月の2か月で、第134歩兵連隊に配属された女性狙撃手たちが221人のドイツ兵を射殺し、うち10人が将校、4人が狙撃手、10人が砲撃手だったと書かれている。この深刻な数字にドイツ軍司令部は対策を講じざるをえなくなり、ときおり、ソ連軍の兵士を『堕落』させようとする試みも行われた。

あるとき、ドゥシアが黄色い紙の束を持って編集室に入ってきた。ドゥシアは頭をふりふり、こう問いかけた。『これ、なんだと思います？』。彼女の子どもっぽいしぐさにつられてわたしたちは目を向けたが、紙束の正体については見当がつかなかった。

ドゥシアはじらすのをやめて、その日、自分たちは前線に行くのだと教えてくれた。ドイツ軍は迫撃砲による攻撃をはじめていたが、それも1回だけで、実害をあたえるつもりはないようだという。

迫撃砲から発射された砲弾がまきちらしたのが、その黄色いチラシだった。それには『大ドイツ』でのすばらしい生活が書かれていて、つまりは、ソ連軍兵士にねがえりをそそのかしていたのだ。狙撃手をめぐっては、神がかり的な話も多数生まれていた。

ドイツ兵捕虜は一様に、前線に向かう前に何度か、スーパー狙撃手のみで構成される連隊に気をつけろと言われたと話していた。女性狙撃手の班がひとつだけあった当時のことだ」

当時のソヴィエト情報局はこう発表している。「1944年4月5日から5月14日の期間に、女性狙撃手は300人超のドイツ兵を排除した。このうち15人がアルハンゲリスクのコムソモール団員、ローザ・シャニーナ上等兵によるものであり、14人はウラルのクラスノボロヴァ上等兵、12人がタノロヴァとスミルノヴァ上等兵によるものである」

イェヴドキヤ・クラスノボロヴァは、英雄的行為によって栄誉勲章3級を授与された。戦後、クラスノボロヴァは結婚し、ディアノヴァという姓になった。

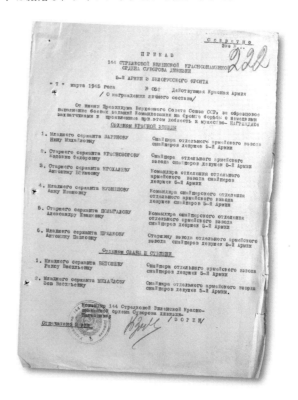

上：第3白ロシア戦線の第5軍、第134歩兵師団のクラスノボロヴァに対する赤星勲章の叙勲推薦書。1945年3月7日付け、ゾーリン大佐の署名が見える。近年になって、この書類は「公務上機密」文書を解除された。

女性狙撃手7

# クラヴディヤ・カルギナ

戦争勃発時、クラヴディヤ・カルギナはまだ15歳であり、軍需工場で働いていた。食糧が配給制になり、配給量がごくわずかだった当時、工場で働くと1日につきパン700グラムがもらえたのだ。クラヴディヤは工場で2年働き、そのあいだにコムソモール（共産党青年組織）に参加した。週末には、コムソモールの若者たちはフセヴォブーチに派遣され、そこで基本的な軍事訓練を受けた。その訓練課程を修了すると、クラヴディヤはじめ多くの少女が志願して女子狙撃学校に入学した。

終戦後のインタビューに、クラヴディヤはこう答えている。

「わたしはまだ17歳でいちばん若かったんです。みんなはもう18歳になっていましたから。だから、学校はわたしを入学させず、家に帰ると思ったんですよ。でも、みんなについていけるなら、っていう条件でおいてもらえました。学校がはじまりました。家は貧しかったので、わたしは薪割りだってできたし、手仕事にも慣れていました。でもいざ射撃がはじまると、撃っても撃っても的にはかすりもしません。全然ダメでした。教官がいちばん重要視するのは、すぐれた射手であることです。カムフラージュよりも陣地の移動よりも、戦術や弾道学や武器の扱いよりも、射撃の腕が大事なんです。長いこと狙ったところに撃てないでいたので、グループ・リーダーのジナイダ・バランツェヴァが、授業が終わってからも訓練につきあってくれるようになりました。前よりうまく撃てるようになったのは、ジナイダのおかげです。訓練は6か月続いて終わりました。狙撃学校を優秀な成績で卒業した人たちは『アメリカからのプレゼント』(1)をもらっていましたよ…。わたしはもらえませんでしたけどね。わたしの狙撃のパートナーはマルーシャ・チグヴィンツェヴァです。わたしたちは仲良しでした。ほかのみんなもそうでし

たが、わたしたちは1944年3月1日に前線に向かいました。列車に乗ってです。もともとは家畜を運ぶ貨車で、どの車両にも薪ストーブが1台だけついていました。前線より手前で、列車は停車してわたしたちを降ろしました。トラックでないと前線に近づけないのです。出発したのはいいけれど、猛吹雪になって、トラックに乗っているよりトラックを押しているほうが長かったんじゃないでしょうか。ほんとに前線に着くのかしら、という感じでした。1日だったのか2、3日だったのか、どれだけかかったのか思い出せないくらい。兵舎に着いた次の日、カムフラージュ用の白い服が配られて、ライフルは包帯で包みました。朝早く朝食が出て、昼食用にはパンとアメリカ製ソーセージのサンドイッチを作ります。わたしたちはみんなで（何十人もいて、迷ったのが何人かいましたけど）、年かさで経験を積んだ人たちのうしろについていきました。向かったのは塹壕です。塹壕への出入り口は全部雪がふさいでいて、這って行かないとなりません。前線初日には、みんな足がすくむくらい怖かったんですよ。塹壕は、何日も降りつづいた雪にすっかり埋もれていました。まず雪かきをしないことには、塹壕に降りることもできません。でも、ドイツ軍の塹壕も同じでした。ドイツ兵は身を隠しも

上：1985年、対独戦勝40年を記念して、クラヴディヤ・カルギナは祖国戦争勲章2級を授与された。

(1) この「プレゼント」とは、「レンド・リース法」と名づけられたアメリカの軍事支援プログラムによって提供された物資のことだ。支援は（ソ連をふくむ）連合国政府に対して行われ、火器その他の資材、食糧など、戦争努力を助けるための物資が提供された。ソ連政府は、優秀な兵士に褒賞としてこうした物資の一部をあたえていたのである。

## 「けれど、他人をはじめて撃つときの気持ちがわかりますか…?」

クラヴディヤ・カルギナのポートレート写真。

せず、塹壕から雪をかき出しているのが丸見えでした。その日なら、ドイツ兵を10人くらい簡単にしとめることもできたかもしれませんね。けれど、はじめて他人を撃つときの気持ちがわかりますか…? マルーシャとわたしはチームのほかの人たちに目を向けました。パルチザン出身のジーナ・ガヴリロヴァがいましたし、タニア・フィオドロヴァはわたしが所属するコムソモールの責任者でした。ふたりはライフルを撃ち、チームの戦果を積み上げはじめていました。

でもマルーシャとわたしは、引き金を引くことができません。どうしても指が動かないんです。その夜、退避所に戻ると、みんなでその日の感想を言いあいました。でも、わたしとマルーシャは一言もしゃべれませんでした。その夜はふたりとも、自分たちのふがいなさに腹が立つばかりで。臆病者のペアですよ。1発も撃てなかったことが恥ずかしかった。次の日、配置について、わたしは敵野営の機関銃を狙いました。ドイツ兵がひとり、なにか整備作業をしています。撃つと、ドイツ兵は倒れました。はじめて敵兵を射殺したのです…。

数か月たって夏になりました。そのあたりには湖があって、ドイツ兵がそこで水浴びして、ときには下着姿で走っていることもありました。ジーナ・ガヴリロヴァがそんなドイツ兵をひとりしとめると、水浴びはぱたりと止んでしまいました。夏のあいだは、わたしたちがいる地域ではあまり戦闘行為はありませんでした。どちらからもたいしてしかけなかったんです。狙撃手は日中監視して、夜は兵士と交代します。わたしはマルーシャといっしょに、ライフルをかまえてドイツ軍の防御陣地を監視していました。それは、わたしが見張り役のときのことでした。

わたしの目が疲れてきたので、マルーシャは交代しようと言ってくれました。気持ちよく晴れあがった日で、たぶん、マルーシャがスコープを動かしたので、ぴかりと光ってしまったんじゃないでしょうか。

マルーシャが腰を上げるのと同時に銃声がして、マルーシャが倒れました。わたしが上げた悲鳴が塹壕中に響きわたり、兵士たちがとんできました。『おちつけ、敵が砲撃してくるぞ!』。ドイツ兵たちは200メートル先にいます。でも、そんなときにおちつけるわけありません。マルーシャは仲良しだったんです。夜になるまでわたしはそこに座りこみ、ずっとずっと泣きどおしでした。

それから、わたしたちはマルーシャを埋葬しました。オルシャの近くです。野の花がたくさん咲いていたのを覚えています。わたしは新しいパートナーと組むことになりました。今度も名前はマルーシャ。マルーシャ・グラキナでした」

クラヴディヤ・カルギナは、存命中の最後の女性狙撃手のひとりだ。88歳になり、モスクワで暮らしている。

女性狙撃手8
# マリア・イヴシュキナ

「はじめてドイツ兵を殺したときの後味の悪さを、いまでも覚えているわ」

　第2次世界大戦開戦当初、マリア・イヴァノヴァナ・イヴシュキナは18歳だった。周囲の女友だちと同様、マリアは志願兵になりたかったのだが、女性はなかなか入隊を認めてもらえず、認めてもらうには何度も志願するしかなかった。そしてマリアはどうにか認められ、中央女子狙撃訓練学校に入学した。1944年3月にここを卒業すると、マリアと同期の22名は、第62歩兵師団としてオルシャ付近に配置された。
　戦闘部隊への配属は、マリアのその後を決定づけるできごとだった。本物の戦闘は、狙撃学校の環境とはかけ離れていた。現実はまったく違う。前線に向かったことでマリアの生活は大きく変わった。祖国のためにすべてをささげたいと志願したとはいえ、ほんの数か月前まで、働いたり勉強したりとごくふつうの市民生活を送っていた若い女性にとって、前線に出たての頃はつらく厳しいだけの毎日だった。女性兵はみな、はじめて敵に向けて銃を撃ったときのことを忘れはしない。
　マリアはこう回想する。
　「はじめて敵兵を殺したときの後味の悪さを、いまでも覚えている。学校のベニヤ板の標的とは違って、生きている人間を狙って撃つのはとてもむずかしかった。スコープ越しに敵を見ると、まるで自分のすぐ隣にいるような感じがして。もうひとりの自分が押しとどめているようで、撃てなくなってしまう。それでも、勇気をふりしぼって引き金を引いた。ドイツ兵は腕をふり上げて倒れたわ。死んだかどうかはわからないけど、身体がガタガタ震えはじめて、訳のわからない恐怖がこみあげてきてしまう。『ほんとに人を殺してしまったの？』って。でもそんな感情は抑えこんでしまわないと。恐ろしいことよね。この頃のことは生涯忘れないわ」
　マリア・イヴシュキナはケーニヒスベルク（現カリーニングラード）の戦いに参加した。ソ連が勝利を決めた

マリア・イヴシュキナのポートレート写真。

日はプラハで迎え、1945年5月12日のその日までに75人の敵兵士を射殺している。受勲や表彰は11回にのぼり、栄誉勲章3級と勇敢記章も授与された。戦後、マリアは現在のベラルーシの首都、ミンスクに住んだ。マリア・イヴシュキナは、スヴェトラーナ・アレクシエーヴィッチの著書『戦争は女の顔をしていない』[三浦みどり訳、群像社、2008年]に登場する女性のひとりだ。

本文は、2004年7月2日のミンスク・イヴニング紙掲載の記事をもとにしている。マリア・イヴシュキナは重病ではあるが、ミンスク在住だ。

上：中央女子狙撃訓練学校のマリア・イヴシュキナが所属した班。

右：マリア・イヴシュキナは、スヴェトラーナ・アレクシエーヴィッチの著書『戦争は女の顔をしていない』に登場する女性のひとりだ。

第5章
# 第3突撃軍の女性狙撃手たち

上:開戦当初、徴兵司令所には、前線に出て戦いたいという女性がおしよせた。

ソヴィエト軍第3突撃軍は、ベルリン占領に参加したことで有名だ。第3突撃軍は、1941年12月25日に第60軍から創設され、数度の攻撃作戦を遂行した。1945年5月1日にドイツ国会議事堂(ライヒスターク)に赤軍旗を掲げたのがこの軍だ。

1943年6月、中央女子狙撃訓練学校を修了したばかりの54名の若い女性たちが、第3突撃軍に配属された。そしてこの学校の本拠地であるヴェシニャキからはるばるヴェリキエ・ルキまで列車と2台の車両を乗り継ぎ、カリーニン戦線の第153予備連隊に合流した。到着するとすぐに、女性たちは制服に着替えて集合し、連隊指揮官のチカルコフ大佐に、第3突撃軍参謀将校の指揮下におかれる狙撃手のチームが到着したことが報告された。長く待ち望んでいた評判の狙撃手たちが、じつは女性であるというニュースはあっというまに広がった。参謀将校たちはみな一目見ようと建物から出てきたが、その顔には驚きと落胆がありありと見てとれた。将校たちが待っていたのは、「本物」の、熟練の狙撃手だった。チカルコフ大佐が登場し、女性狙撃手たちにあいさつした。女性たちは軍の規則条項どおり、声をそろえてこたえた。「はい、同志大佐!」。このとき大佐は、女性たちの正確さや制服の着こなし、整列の見事さにうれしい驚きを感じ、さらには将校たちが当初女性たちの戦意に対していだいていた不安も、すぐに解消されることになる。女性狙撃手たちが射撃の腕前を披露したのはもちろんのこと、忍耐強さまでも証明したからだ。

# 第3突撃軍の機関紙「前線の戦士」記事より抜粋

1943年8月掲載、「女性狙撃手が敵を一掃」という見出しの記事。集合写真にはつぎのような解説がつけられている。

「計784人の敵兵を倒した12名の女性狙撃手。1945年5月、ベルリンにて。第3突撃軍の栄誉勲章受勲者たち」

左から右へ
第4列
ニーナ・オブホフスカヤ軍曹（戦果64）
A・ベラコヴァ軍曹（戦果24）

第3列
ニーナ・ベロブロヴァ少尉（戦果79）
ニーナ・ロブコフスカヤ中尉——中隊指揮官（戦果89）
ヴェラ・アルタモノヴァ少尉（戦果89）
マリア・ズブチェンコ2等軍曹（戦果83）

第2列
イェカテリーナ・ジボフスカヤ少尉（戦果24）
クラヴディヤ・マリンキナ2等軍曹（戦果79）
オルガ・マリエンキナ2等軍曹（戦果70）

第1列
V・ステパノヴァ2等軍曹（戦果20）
ユリア・ベロウソヴァ2等軍曹（戦果80）
アレクサンドラ・ヴィノグラドヴァ2等軍曹（戦果83）

軍曹の肩章をつけたユリア・ベロウソヴァ。栄誉勲章3級と勇敢記章を左胸に、右の胸にはソヴィエト親衛隊の記章を誇らしげにつけている。1944年9月撮影。

第3突撃軍の司令官であるガリツキー准将は、狙撃手たちを少人数のグループに分けていくつもの師団につけるのではなく、あらたに狙撃手中隊とし、狙撃手をもっとも必要とする前線に臨機応変に派遣することにした。

1944年の秋、第3突撃軍は司令本部の命令によって第1白ロシア戦線に向かった。女性狙撃手の中隊は3班からなり、班のリーダーのひとりがニーナ・ロブコフスカヤだった。終戦時ニーナは中尉であり、女性狙撃手の中隊を指揮していた。ニーナ自身は89人の敵兵を倒し、第3突撃軍所属の、ニーナが率いる中隊全体では3112人のドイツ兵と将校を射殺した。

（102ページへ続く）

上：ニーナ・ロブコフスカヤ（前）。指揮する女性狙撃手の中隊とともに。

下：左から右へ、アレクサンドラ・シュラコヴァ、L・ヴェトロヴァ、ニーナ・ベロブロヴァ、I・ゴリエフスカヤ、ヴェラ・アルタモノヴァ。この5名で232人のドイツ兵を射殺した。

**女性狙撃手9**

# ニーナ・ロブコフスカヤ

ニーナ・アレクセイイェフナ・ロブコフスカヤは1924年に生まれた。1941年6月、戦争が勃発したとき、ニーナはまだ17歳だったため、志願兵となることができなかった。ニーナは学校に通いながら、オソアヴィアヒムの射撃クラブに参加した。そして1年後、ニーナは徴兵司令所に行ったが、まだ早いと言われてしまう。そこで、オソアヴィアヒムでもらった「ヴォロシーロフ射手」記章を取り出すと、これは効果てきめんで、ニーナはすぐにモスクワの中央女子狙撃訓練学校に送られた。そしてニーナは狙撃学校の第1期修了生となり、1943年6月におかれた戦線に立った。

ニーナ・ロブコフスカヤはこうふりかえっている。

「わたしたちはすぐに戦線に向かい、第21歩兵師団に合流しました。政治将校のF・リシツィンがわたしたちに狙撃日誌を手渡して、幸運を祈る、と言ってくれました。次の日の朝早く、わたしたちは第21歩兵師団が防御するプタヒンスカヤの丘陵地に向かいました。観測手のヴェラ・アルタモノヴァとふたりであたりの地形を観察していると、ソ連軍の戦車が1台破壊されているのが見えます。その戦車からならよく監視できると思って、よく考えもせずにわたしたちは戦車に潜りこみました。事実、そこからはドイツ軍の塹壕がよく見えたんですが、戦車のなかからは撃てそうにありませんでした。そうしたらどこからかわたしたちに向けて迫撃砲の砲弾が飛んできたんです。すぐそばで砲弾が破裂するし、それが四方から戦車にあたってぐらぐらとゆれるし、ふたりとも身体がすくんでしまって、もう終わりだってあきらめました。でも、はじまるのも突然でしたが、ぱたりと

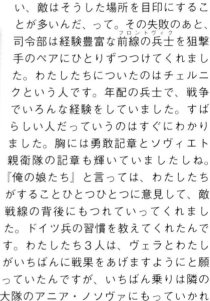

**「わたしたち全員が、戦果をあげようと必死でした」**

砲撃が止んだんです。あとで、わたしたちが陣地に選んだ場所を知って、味方の兵士たちは忠告をくれました。そんなに目立つところに監視所をおいてはいけない、敵はそうした場所を目印にすることが多いんだ、って。その失敗のあと、司令部は経験豊富な前線の兵士を狙撃手のペアにひとりずつつけてくれました。わたしたちについたのはチェルニク（フロントヴィク）という人です。年配の兵士で、戦争でいろんな経験をしていました。すばらしい人だっていうのはすぐにわかりました。胸には勇敢記章とソヴィエト親衛隊の記章も輝いていましたしね。『俺の娘たち』と言っては、わたしたちがすることひとつひとつに意見して、敵戦線の背後にもつれていってくれました。ドイツ兵の習慣を教えてくれたんです。わたしたち3人は、ヴェラとわたしがいちばんに戦果をあげますようにと願っていたんですが、いちばん乗りは隣の大隊のアニア・ノソヴァにもっていかれました。わたしたちのグループでは、ニーナ・ベロブロヴァとリダ・ヴェトロヴァがまっさきに狙撃に成功していました。わたしたちはほかのペアのようにうまくはいきませんでした。ドイツ兵を見つけるのにてまどってしまって。でもやっと、塹壕から水をくみ出しているドイツ兵を見つけました。ときどき、ドイツ兵は塹壕から出てきてバケツの水をすてます。わたしたちはその兵士を狙って、同時に撃ちました。双眼鏡で監視していたチェルニクは大声を上げました。『やった

上：狙撃手ニーナ・ロブコフスカヤ。戦場画家のI・クリチェフスキー画。
右ページ：ニーナ・ロブコフスカヤの写真。女性狙撃手の中隊を指揮した。

ぞ！ あたった！』。でも、はたと思いました。この戦果はどっちのものになるんだろうって。結局、ふたりで半分ずつにしたんですよ。わたしたちは第21歩兵師団と数週間いっしょに行動して、経験を積みました。わたしの狙撃日誌には、第21歩兵師団において6人のドイツ兵を射殺、と記録されています。その後、わたしたちはいろんな師団をまわりました。前線沿いに移動して、狙撃手を必要とする師団があれば、そこに派遣されるんです。兵士たちはわたしたちのことを信頼してくれるようになって、『妹たち』とよんでいました」

上：第3突撃軍司令部：A・リトヴィノフ、K・ガリツキー、I・ユディンツェフ、A・テフチェノフ。

下：敵に発見されないためには、カムフラージュが重要だった。周囲の環境に完全に溶けこむ方法を学ぶ必要があった。

（99ページより続く）

　1943年秋、赤軍はカリーニンとプスコフ地方の解放に向けて攻撃を開始し、女性狙撃手たちは歩兵部隊と行動をともにした。兵士たちと協力して攻撃を行い、敵を村や駅から追い出したのだ。

　「夜間行軍で、ぬかるんだ森を何キロか進むようなときは、ほんとに大変でした。土砂降りの雨のなか、身体の芯までずぶぬれになって、膝までのぬかるみのなかをとぼとぼ歩くんです。居眠りしたり転んだりしないように、腕をとりあって、となりの人が眠ったら起こしてあげるようにしていました。馬でさえ歩くのが大変で、転ぶこともあったんですよ」

　ニーナ・ロブコフスカヤは、ネヴェリ包囲戦にも参加した。

　「ネヴェリ包囲戦は、それは厳しい戦いでした。この街も1943年10月6日には解放されましたが。ドイツ軍は高地にしっかりと陣どって、上から撃ってきたんです。ドイツ軍を追いはらおうと、戦車に守られたグループが川を渡りました。接近戦になって、このグループがまず第1の防衛線を破って、狭い範囲ではあったけれど陣地を整えました。敵は陣地を奪い返そうと、集中砲火をくりか

上：カメラに向かって誇らしげにポーズをとる女性狙撃手たち。

下：第1次世界大戦同様、塹壕は敵の銃撃から兵士を守った。「イズヴェスチア（報道）」紙掲載の写真。1944年。

えします。日中だけで、くいとめた攻撃は12回ですよ。わたしたち女性狙撃手も、部隊に交じっていっしょに戦いました。敵を押し返す援護をしようと、敵兵を狙っては撃ちました。戦闘の合間には看護師の役目もまわってきて、負傷兵を避難所に運んで応急手当もやりましたよ。兵士が大勢倒れ、中隊の指揮官も亡くなりました。

大隊指揮官は重傷を負いましたし、狙撃手仲間にも何人か亡くなった人はいます。ウクライナ出身のクラヴァ・プリャツコとタタール出身のソニア・クトラモメトヴァもそう。夕方、日中の攻撃が止んだとき、砲撃を受けたソ連軍の戦車3両が中間地帯に残されてしまいました。1両からは、負傷した兵士の叫び声が聞こえます。でも、この地帯はまだ敵の攻撃を受けていました。

とはいっても、苦しげな声を上げている仲間を放っておくことはできません。日が落ちると、わたしとヴェラは戦車まで匍匐しました。戦車に着いてハッチをたたくと、なかから罵声が聞こえました。『ソ連は俺たちのことを見捨てたりなんかしない』とわめいています。わたしたちは、味方の狙撃手があなたたちを救い出しにきたのだと伝えました。これを聞いたとたん、搭乗員がハッチ

上:第3突撃軍の狙撃中隊、O・マリエンキナ2等軍曹とN・ベロブロヴァ少尉。どちらも栄誉勲章2級と3級をつけている。1945年5月4日。

を開けてしまい、操縦士は撃たれて命を落としてしまったんです。

　戦車指揮官のポポフ中佐と砲手は重傷です。わたしとヴェラは中佐をレインコートに乗せ、陣地まで引きずりはじめました。戦車の砲手も、ついてくるのがやっとという状態です。味方陣地には永久に着かないんじゃないかって思いましたよ。ふたりが搬送台車に乗せられて病院に送られると、ほっとしました。暗くなってから、ドイツ軍は13度目の反撃をはじめました。こちらに残ったのはたった10人だけど、この攻撃が勝敗を決めることはよくわかっていました。負けたら、これまでの犠牲はむだになってしまいます。ドイツ軍は待ちかまえています。ついに、すらりとしたガーラ・コチェトコワが立ち上がりました。『わたしに続け!』。そう叫んだガーラの左手にはライフルが、右手には手榴弾がにぎられています。武器を手にできる人はみないっせいに、叫び声を上げながら敵をめざして駆け出しました。『それっ!』。こちらの勝ちでした。ガーラ・コチェトコワも無傷で戻りました。けれど次の日、ガーラは敵につかまって、拷問を受けて亡くなったんですよ。なんてことでしょう」

　この作戦の功績により第21歩兵師団は「ネヴェリ師団」とよばれるようになり、狙撃手中隊は「防衛隊」という名誉ある名をもらった。第3突撃軍は1944年10月22日まで、リーガの解放をめざして戦った。英雄的行為によって褒賞を受けた女性狙撃手もいた。クラヴァ・マリンキナは、58人のドイツ兵をしとめたことにより栄誉勲章3級を授与された。リーダ・オニャノヴァは敵砲手2チームを排除し、73人のドイツ兵を射殺した。バルト海地方の解放をはじめとする作戦では、栄誉勲章2級がマーシャ・ズブチェンコ、ニーナ・ベロブロヴァ、ヴェラ・アルタモノヴァ、サーシャ・ヴィノグラドヴァ、ニーナ・ロブコフスカヤに授与されている。ロブコフスカヤは、負傷して治療中の受賞だった。

　しかしそのあいだに、狙撃班のリーダーであるニーナ・ロブコフスカヤは将校に昇進しており、

栄誉勲章2級は通常は下士官向けのものであるため、これよりも格上の赤旗勲章が授与された。

## ヴェリキエ・ルキからベルリンへ移動する第3突撃軍

　第3突撃軍の女性狙撃手中隊は、モスクワの西445キロにある都市ヴェリキエ・ルキからベルリンへと移動した。

　ニーナ・ロブスカヤはこう語っている。

　「わたしたちはいくつか村を通りぬけましたが、どこも破壊しつくされていました。家は焼け落ちて、人っ子ひとり見えません。恐ろしい光景でした。ポーランドとドイツを何百キロも行軍するうちに、収容所から逃げてきた人たちと出くわすこともありました。ソヴィエト、ポーランド、オーストリア、ドイツ、イタリア、ユダヤ。いろんな国の人たちです。あるフランス人のグループは、荷車に仲間を乗せていました。病人やけが人を運んでいて、かなり年配の男の人が荷車のうしろにつかまって歩いていました。きっと最後の力をふりしぼって祖国に戻ろうとしていたんですね。その人のシャツにはフランス国旗がピンでとめてあります。戦争で身も心もぼろぼろになっていても、祖国の小さな国旗はしっかりと身につけている姿に胸が熱くなりました。縦列の先頭に立つわたしたちを見つけると、フランス人一行の顔がぱっと明るくなり、笑顔で温かい声をかけてくれました。そしてスナイパー・ライフルを見ると、拍手し、投げキッスをよこし、歓声を上げたんです。『ブラヴォー！　ソヴィエトのお嬢さんがた！』。ほんとうに、心動かされる出会いでした」

　ベルリンに入ったのは第3突撃軍が最初だった。そして第150狙撃師団の偵察兵、ミハイル・エゴロフとメリトン・カンタリアのふたりは、ドイツ国会議事堂ライヒスタークの屋上に、終戦を告げる勝利の旗をひるがえしたのだ。

　「戦闘が終わったあともベルリンにとどまって、わたしたち中隊は第3突撃軍司令官の護衛任務を担いました。ある日の朝早く、護衛室で確認作業をしているときに、軍司令官のヴァシーリー・クズネツォフ中将が住まいから出て、タバコを吸っているのを見かけました。中将はわたしに気づくとよびよせ、たずねました。『女の子たちの調子はどうだね？　必要なものはないかな？』。わたしは、みな頑張っていて体調もいいこと、それにドイツの人たちが、遠巻きにしてものめずらしそうにわたしたちを眺めていることも伝えました。

上：狙撃手ニーナ・ロブコフスカヤ。

右：写真は、狙撃手アレクサンドラ・シャラコヴァ。

イェカテリーナ・ジボフスカヤ上等兵。1945年5月には、少尉に昇進した。

女性狙撃手たち。トーニャ・コマロヴァ、リーダ・オニャノヴァ、クラヴァ・イヴァノヴァ。1943年夏、カリーニン戦線にて。

下：トニア・ディアコヴァとオルガ・マリエンキナ。戦場で銃をかまえ、敵を待つ。

それから、今使えるものはこれだけです、とか、みんな帰国命令が出るのをじりじりして待っています、といった話もしました。クズネツォフ中将はじっくり話を聞いてくれたし、よくわかってもらえたんですよ。じきにわたしたちの生活環境はよくなって、それからまもなくして、中隊の大半の女の子たちに復員命令が出ましたからね。将校のみなさんと中隊指揮官のわたし、班リーダーをつとめていたヴェラ・アルタモノヴァとニーナ・ベロブロヴァとカティア・シボフスカヤ、それにごく一部の女性志願兵は次の出発までベルリンに残りました。結局わたしたちは最後まで残ることになったんですが、わたしは1945年7月22日に、モスクワへ向かうよう命令を受けました。コムソモールの本部がモスクワで、女性兵士とソヴィエト連邦共産党最高会議議長ミハイル・イワノビッチ・カリーニンとの会合を設けたからです。

陽が降りそそぐ部屋に、全兵科から女性兵士が

集まってきました。ソ連邦英雄のパイロット、ナターシャ・メクリンとカーチャ・リャボヴァ、戦車搭乗員のカティア・ノヴィコヴァ、若くて小柄で海軍歩兵の制服を着た、需品係将校のマーシ

上：通常、狙撃手はふたりひと組で行動する。

ャ・サヴォスティナ。そのほか大勢の女性たちと会いました。ミハイル・カリーニンと会ったときのことは、忘れられません。カリーニンはわたしたちひとりひとりに敬礼し、それから女性兵士がひとりずつ演壇に上がって自分たちの任務について話したのです。

わたしは、自分のいた女性狙撃手の中隊がベルリンまで戦いぬいたこと、3000人を超すドイツ兵や将校を射殺し、何百人ものソ連兵の命を救ったことを語りました。最後にカリーニンが演壇に立って、ソ連の勝利を祝い戦時中の女性の活躍をたたえ、戦後は国の再建に力をつくすように、という言葉であいさつをしめくくりました」

### 戦後

「1945年8月末にはわたしにも帰国命令が出て、わたしはモスクワに行き、MGU（モスクワ国立大学）に入学して史学を専攻しました。市民生活のはじまりです」

このあと、ニーナ・ロブコフスカヤは20年にわたり、モスクワの中央レーニン博物館で働くことになる。また中学校や高校、大学、それに軍の学校で生徒や学生向けに講演し、愛国的な活動もいくどか行った。1974年、ソヴィエト連邦最高議会は、ニーナに「ソヴィエト連邦文化功労者」の称号を授与した。

「終戦後数年たって、わたしを訪ねてきた人がいました。玄関のドアを開けると、大佐の階級章をつけた男性が花束を持って立っているではありませんか。なんだか見覚えがある顔でした。

『ニーナ・アレクセイイェフナさんですね』男性がにこやかに言いました。

『はい、そうですが』

『あなたのおかげで命びろいした者です。覚えていますか？　戦車のことを。ネヴェリ近くでのことです』

『ポポフ大佐ですよね！　ごぶじだったんですね！　どうやってここが？』

『あなたのことはたびたび思い出してはいたのですが、ちょっとした幸運に助けられたんです』

108

　大佐はわたしの写真が掲載された雑誌を取り出しました。
　その夜、わたしと大佐は戦時中の話に花を咲かせました。もうすっかり過去のことでしたが、いっしょに戦った同志や女性狙撃手仲間の話は、つきることがありませんでした」

上：狙撃手L・スボティナとN・イヴァノヴァ。1943年。

右：第3突撃軍の狙撃手たち。ソ連に帰国し一般市民に戻る直前の写真。

下：迫力ある高さ85メートルの彫像。「母なる祖国がよぶ」と名づけられたこの像は、大祖国戦争を戦ったすべての女性兵士をたたえるものだ。通称「母なる祖国（ロディナ）」像はヴォルゴグラードのヴォルガ川右岸の丘、ママエフ・クルガンに建っており、1967年に落成した。像が持つ剣は長さ33メートル、重さは14トンもある。ロシア西部軍管区報道部提供写真。

右ページ上：モスクワの赤の広場で行われた独ソ戦勝利記念軍事パレード。1945年6月24日。

右ページ中：戦後30年の1975年に集まった中央女子狙撃訓練学校の修了生たち。モスクワの赤の広場で。

右ページ下：バルト海艦隊の若き女性少尉。

# 女性狙撃手たちの遺産

狙撃手として戦場に向かったおよそ2000人の女性のうち、ぶじに生還したのは500人程度にすぎなかった。狙撃手となった女性たちは、あらゆることをいったん中断し、祖国防衛のためにみずからをささげた。そしてナチが率いたドイツに勝利したあとは、女性たちの多くは日々の生活に戻っていった。ほかのソ連国民と同じように学校や職場に戻り、今度は国の再建に力をつくしたのである。

今日、ロシア軍にはおよそ3万人の女性がいる。平時においてはスペツナズ（ロシアの特殊部隊）など特殊な任務の多くでは女性を受け入れていないし、戦闘部隊に所属する女性軍人もわずかだ。それでも、女性たちは軍において重要な役割を果たし、大祖国戦争中に賞賛された女性狙撃手と同様の資質も見せている。今日のロシア軍の女性たちも、すばらしい根気強さと忍耐力を発揮している点では、戦時中の女性兵士たちと同じなのである。

現在、ロシア軍において、1600人あまりの女性が将校の階級にあり、そのうち15人は大佐や准将だ。しかし女性将校のうち司令官であるのはわずか3.5パーセントにすぎず、大半は最高司令部内や医療、通信、財政部門などでさまざまな役割を担っている。上級下士官は8300人あまり。その他の1万9000人ちかくは、ロシア連邦の各軍や兵科のさまざまな部隊や部署に配属されている。

2012年には、22人の女性軍人が国から勲章を授与され、4500人がロシア国防省から表彰された。2013年6月、カリーニングラードにあるバルト海艦隊の海軍アカデミーでは、第52期の卒業生を送り出した。将校の階級についた135人の若き卒業生のうち、18人が女性だった。これは全体の13パーセントにあたり、このアカデミーの歴史のなかで最高の割合を記録した。

2013年6月23日には、リャザン空挺学校を350人が卒業し、少尉の階級章をもらった。女性は13人だ。この名門校初の女性卒業生である。

女性たちは現在もロシア軍でおおいに存在感を放ち、その人数も年を追うごとに増加している。そしてこうした女性たちは、祖国ロシアが辛苦をきわめた時代に果敢に戦った女性兵士たちの歴史を、高く評価しているのである。

> わたしは間近にあまりに多くのことを見た。
> 現実には一度なのに、夢では何度も何度も。
> 戦争など恐れないというが
> それは戦争のことをなにも知らないから。
> （1943年に書かれたロシア語の詩）

## 出典

- Ya pomnyu (I remember) digital resource.
- Russian Defense Ministry's official website.
- Memorial–a Russian digital database.
- Russian documentary film entitled "The Fortress of War".
- 1941-1945 Podvig Naroda–Russian digital database of documentation.
- Digital archives from the Belorussian government.
- Airaces digital resource.
- Regional museum of Arkhangelsk.
- Belorussian Great Patriotic War Museum.
- Deutsche Digitale Bibliothek.
- Podolsk Historic Archives.
- Russian Film A zori zdes tikhie, produced by Kinostoudiya M. Gorkiï, 1972.
- Library of Congress, US Government.

## 資料提供

- Mark Redkine
- Poudovkine archives
- Pavel Trochkine
- Ievgueni Haldey
- M. Andréoletti
- Izrail Ozerski
- Jack Delano Library of Congress collection
- Boris Vasyutinski
- Anatoli Terentiev
- Boudenovka
- Maximov
- P. Ivanov
- Volkov
- Bundesarchiv
- V. Grebniev
- Y. Obraztsov

## 参考文献

- Gody sourovyh ispytaniï 1941-1944, by K.N.Galitskiï, M. Naouka, 1973.
- Memoirs of Pyotr Molchanov, editor-in-chief of the newspaper "Destroy the Enemy", published in the work "The Snipers" in 1976 by "Molodaya gvardiya".
- Excerpts from the memoirs of former sniper company commander Nina Alekseyevna Lobkovskaya, published in the work entitled "Women of Russia – Cavaliers of the Order of Glory" in 1997.
- "Heroines" collection published in 1969, Moscow.
- Soviet military encyclopedia, volume two, Voenizdat, 1979.
- Aliya Moldagulova, by Galymjan Baïderbesov, Kazakh author.
- Vsevobuch and the War, by M.I. Lotareva.
- Sniper Roza Shanina, by E.I. Ovsyankin, published by the Arkhangelsk Vocational School of Pedagogy, 1996.
- I'll be back after the battle, N.A. Jouravlev, published by the DOSAAF, 1985.
- The review Ogonëk.
- Jajda Boya, P. Molchanov, Molodaya gvardiya, 1976.
- Newspaper "Minsk Evening".
- Newspaper "Komsomolskaya Pravda".

◆著者略歴◆
ユーリ・オブラズツォフ（Youri Obraztsov）
　フランス外人部隊に長年所属した経験があり、軍事史や武器および装甲車両にかんする豊富な知識をそなえる。こうした分野での著書も数冊あり、好評を博している。写真家としても著名であり、2014年には、兵器や防衛装備品、災害対策設備などの世界最大規模の国際展示会であるユーロサトリをはじめとする、大規模イベントに作品が展示された。

モード・アンダーズ（Maud Anders）
　大学では経済および社会学を専攻し、防衛問題にかんする著書が数冊ある。世界史のなかでも、とくに第２次世界大戦における女性の役割についての調査、研究を行っていたことが、オブラズツォフとの共著につながった。

◆訳者略歴◆
龍和子（りゅう・かずこ）
　北九州市立大学外国語学部卒。訳書に、ジャック・ロウ『フォト・メモワール ケネディ回想録』（原書房）、猪口孝／ブルネンドラ・ジェイン編『現代日本の政治と外交１ 現代の日本政治――カラオケ民主主義から歌舞伎民主主義へ』、猪口孝／ジャン・ブロンデル編『現代日本の政治と外交３ 民主主義と政党――ヨーロッパとアジアの42政党の実証的分析』（以上共訳、原書房）などがある。

SOVIET WOMEN SNIPERS OF THE SECOND WORLD WAR
by Youri Obraztsov and Maud Anders
© Histoire & Collections 2014
Japanese translation rights arranged
with Histoire & Collections, Paris
through Japan UNI Agency, Inc., Tokyo

フォト・ドキュメント
女性狙撃手
ソ連最強のスナイパーたち

●

2015年8月10日　第1刷

著者………ユーリ・オブラズツォフ
　　　　　モード・アンダーズ
訳者………龍和子

装幀………スタジオ・ギブ（川島進）
本文組版・印刷………株式会社ディグ
カバー印刷………株式会社明光社
製本………東京美術紙工協業組合

発行者………成瀬雅人
発行所………株式会社原書房
〒160-0022　東京都新宿区新宿1-25-13
電話・代表03（3354）0685
http://www.harashobo.co.jp
振替・00150-6-151594
ISBN978-4-562-05185-4
©HARASHOBO 2015, Printed in Japan